DK

这不可能是真的

神奇动物的惊人事实

杜倩　译

中国大百科全书出版社

Original Title: It Can't Be True! Animals!: Unbelievable Facts About Amazing Animals
Copyright © Dorling Kindersley Limited, London, 2020
A Penguin Random House Company

北京市版权登记号：图字01-2021-3993
审图号：京审字（2024）G第2065号

图书在版编目（CIP）数据

神奇动物的惊人事实 / 英国DK公司编；杜倩译. 北京：中国大百科全书出版社, 2024. 12. —(DK这不可能是真的). — ISBN 978-7-5202-1635-7
Ⅰ. Q95-49
中国国家版本馆CIP数据核字第2024DU1009号

译　　者：杜　倩
专业审定：王传齐

策 划 人：杨　振
责任编辑：吴　宁
责任校对：王　杨
封面设计：孙　怡

DK这不可能是真的 神奇动物的惊人事实
中国大百科全书出版社出版发行
（北京阜成门北大街17号　邮编 100037）
http://www.ecph.com.cn
新华书店经销
佛山市南海兴发印务实业有限公司印制
开本：889毫米×1194毫米　1/16　印张：11
2024年12月第1版　2024年12月第1次印刷
ISBN 978-7-5202-1635-7
定价：128.00元

www.dk.com

本书插图系原文插图

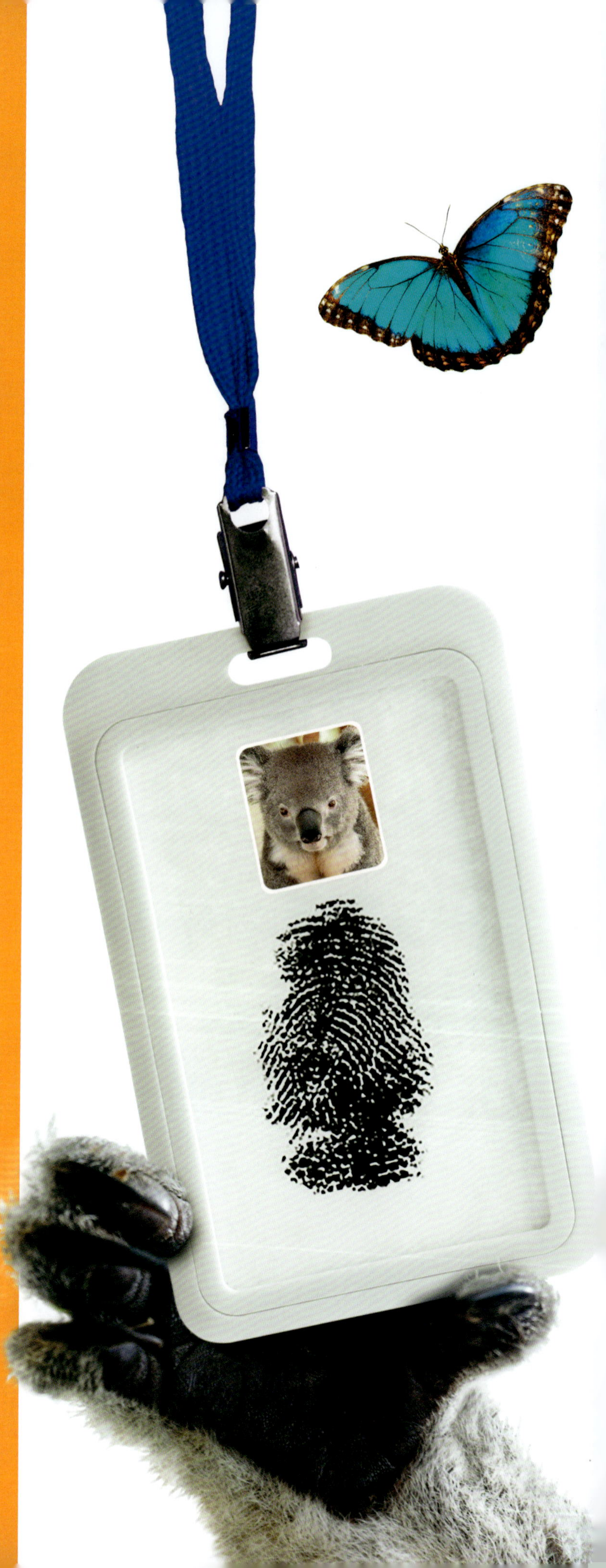

DK

这不可能是真的

神奇动物的惊人事实

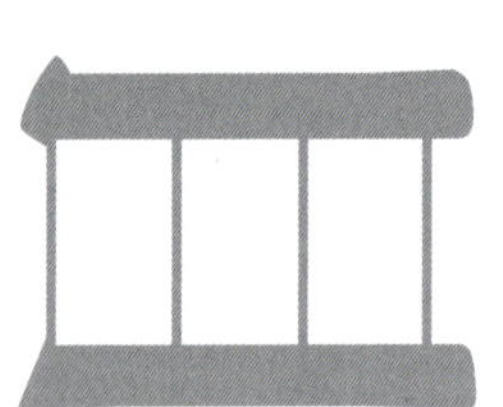

技能和感觉

不可思议的身体

力量和速度

家和藏身之处

生长和繁殖

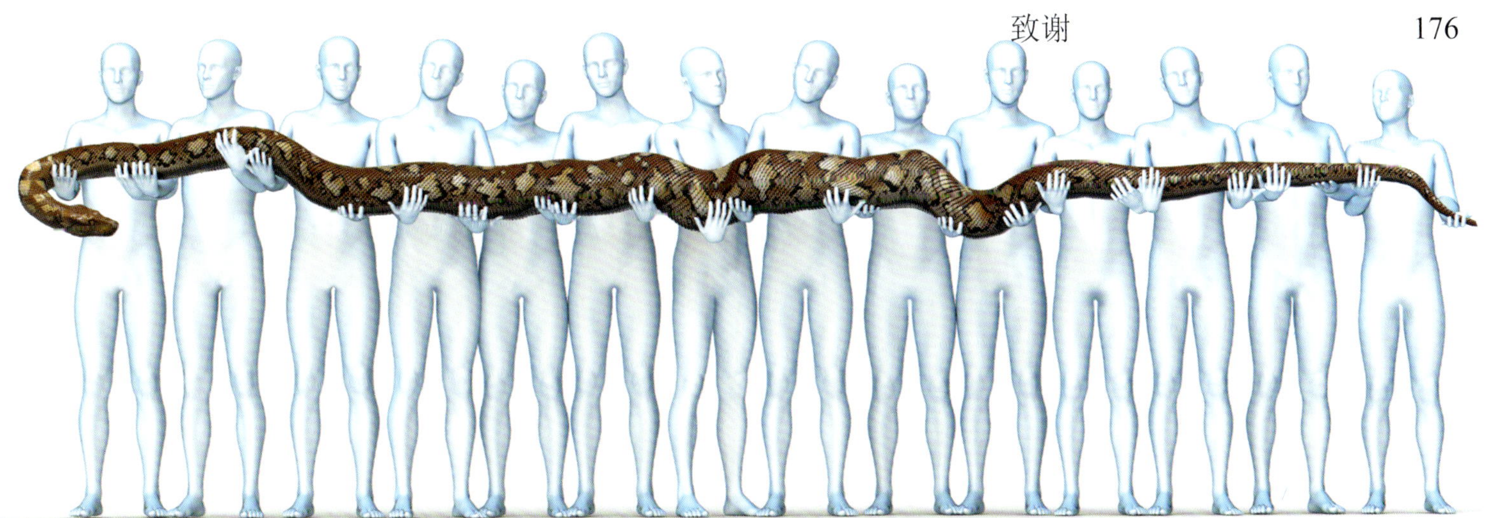

技能和感觉

动物捕猎、交流和确保自身安全的能力非常惊人。有的动物用电信号感知猎物，有的会制造并使用工具。动物世界里充满了拥有特殊技能或超级感觉能力的非凡动物。

双嵴冠蜥有着“水上漂”的惊人能力。在被捕食者追捕时，它们会用大大的桨状足踩在水上，快速横穿水面。用这种方法它们能在水面上移动 4.5 米，速度达到 1.5 米 / 秒。

鲨鱼能感知多远的猎物？

乌翅真鲨是**捕猎专家**，拥有**灵敏**的嗅觉，能发现 **1 千米**内的猎物。

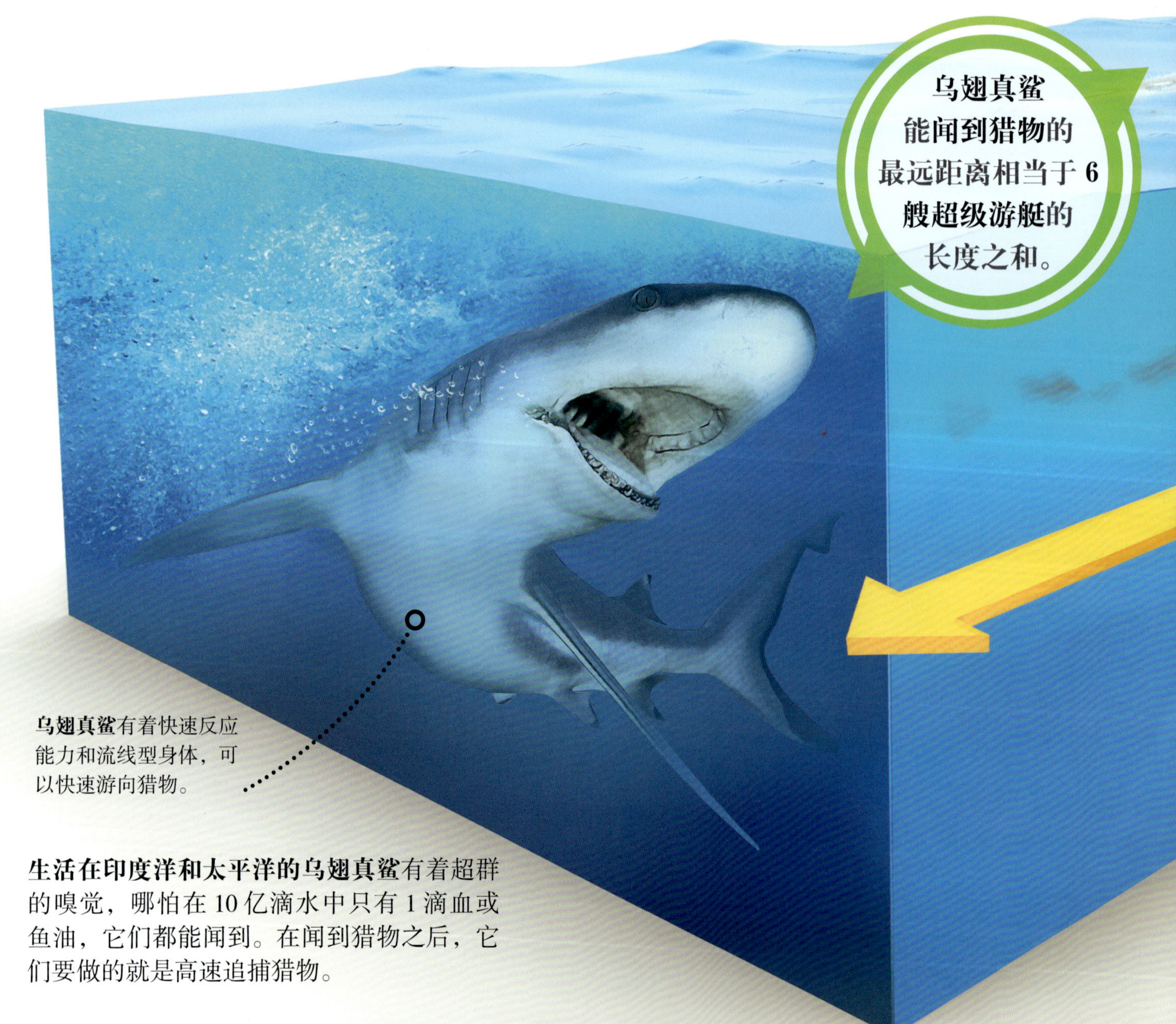

乌翅真鲨有着快速反应能力和流线型身体，可以快速游向猎物。

生活在印度洋和太平洋的乌翅真鲨有着超群的嗅觉，哪怕在 10 亿滴水中只有 1 滴血或鱼油，它们都能闻到。在闻到猎物之后，它们要做的就是高速追捕猎物。

知识快读

太平洋鼠鲨的策略是以量取胜，群体捕猎。鲨鱼群最大规模可达40条。

大白鲨是所有掠食性鲨鱼中体形最大的，大约6米长，独自捕猎。

最长的超级游艇长约180米。

1千米

动物的遗骸或像这只海豚一样**受伤的动物**，会留下气味痕迹。乌翅真鲨以这些动物为食，也会吃一些较小的鱼。

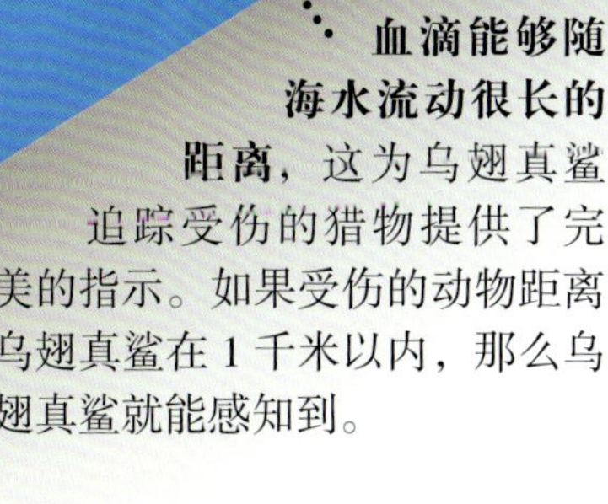

血滴能够随海水流动很长的距离，这为乌翅真鲨追踪受伤的猎物提供了完美的指示。如果受伤的动物距离乌翅真鲨在1千米以内，那么乌翅真鲨就能感知到。

脉冲

双髻鲨宽宽的脑袋两边长着感觉器官，能探测猎物发出的电脉冲。这样的器官能帮助鲨鱼定位刺魟等藏在海底沙子里的猎物。

知识快读

其他动物也有像射水鱼一样聪明的捕猎方法。

生活在亚马孙丛林里的**一种野猫——长尾虎猫**通过模仿狨幼崽的声音诱使狨进入自己的攻击范围。

白鼬跳来跳去，通过像舞蹈一样的**表演**麻痹兔子，然后趁兔子呆立在原地时扑过去杀死它们。

冬季，身披白色皮毛的白鼬在跳来跳去。

水流击中昆虫的力量是足以使昆虫从树枝上坠落力量的10倍。

2米

哪种**鱼**靠**喷水**捕食？

射水鱼算得上自然界里准头很好的**猎手**。这些“神枪手”**瞄准**毫无戒备的猎物，从口中**喷出水流**，以致命的速度和**精准度**将猎物击落水中。

高高一跃

对于距离稍近的猎物，射水鱼还有另一种捕猎方法——直接跃出水面吃掉猎物。它们能跳出两倍于体长的高度。这种高高跳起的捕猎方法有 70% 的机会成功。

体长约 20 厘米的射水鱼**喷射出的水流**，能击中高悬于水面的树枝上、被它们盯上的昆虫。

捕猎时，射水鱼能喷射出 2 米高的水流。

射水鱼的**视觉敏锐**，反应迅速，它们可以准确定位猎物。在猎物下落时，射水鱼一瞬间就能算出猎物即将掉落的位置，然后快速游到猎物的落水处，将其吞入腹中。

大部分射水鱼的身体呈银色，上面有黑色带状花纹。在水面附近游动时，这种颜色搭配使它们难以被发现。

哪种蚂蚁能**爆炸**？

生活在东南亚的**爆炸蚂蚁**（中文名桑氏平头蚁）受到敌人攻击时会**自爆**，这一“**终极行动**”有助于**保护蚁巢**的安全。

如果遇到入侵者袭击，爆炸蚂蚁能将自己爆开，释放出体内的黏液。虽然它们在爆炸之后几乎马上就会死去，但这种攻击性行为能伤害甚至杀死袭击者，保护蚁巢。

这只雌性爆炸蚂蚁已经摆好姿势，准备在必要时牺牲自己，保护蚁巢。

发起攻击的蚂蚁试图入侵爆炸蚂蚁的巢穴，抢夺食物和领地。

喷射毒雾的甲虫

小心屁步甲！这类昆虫能喷出一种高温的有毒化学物质。在遇到蚂蚁等天敌时，屁步甲会抬起后肢，从两个腺体中喷射出高温毒雾。

知识快读

除爆炸蚂蚁之外，还有许多昆虫掌握着保护自己或家园的特殊方法。

红带袖蝶幼虫的颜色鲜艳，它们有着长长的毛，警告攻击者不要靠近。

南非泡沫蝗从头部分泌出的**有毒泡沫**令敌人不敢靠近。

角蝉**尖锐带棘的外表**让饥饿的鸟儿兴趣寥寥。

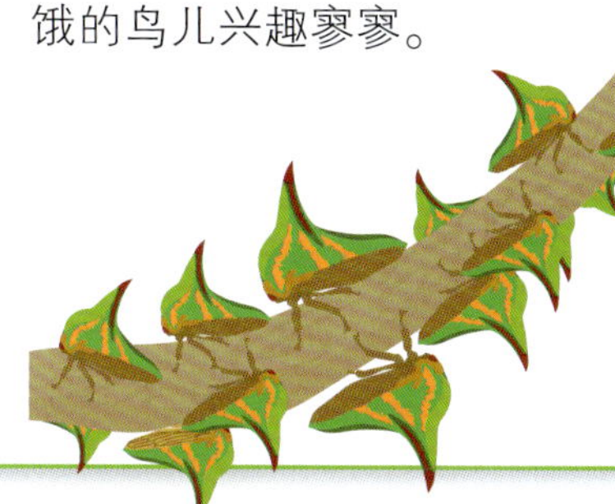

这只爆炸蚂蚁正处于下风，因此它挤压腹部的肌肉，使体壁崩裂，将液体喷出体外。

黏糊糊的刺激性黄色液体喷溅到自己和敌人身上。

爆炸蚂蚁的黏液溅在攻击者身上，使其退却。

臭鼬为什么会释放臭气？

捕食者注意！臭鼬在敌人靠近时会**散发出臭味**。它们的**秘密武器**是一种气味非常恶心的**防御性汽雾**，能立即将袭击者赶跑。

遇到危险时，**臭鼬会将尾巴高高翘起**，对准捕食者的脸部，从尾巴下面的腺体中喷出带有恶臭味的汽雾。

臭鼬独特的**黑白相间的皮毛**，警告潜在的捕食者不要靠近。

臭鼬臭气熏天的汽雾能喷射到3米外的目标。

臭鼬尾巴下面的臭腺能产生一种带有浓烈臭鸡蛋气味的油性分泌物。臭鼬在面对狐狸或郊狼等捕食者时，最多能快速连续地喷射 6 次这种液体。

狐狸闻到恶臭会向后退缩并闭上眼睛。狐狸的眼睛如果沾到汽雾，就会引发短时间失明，这为臭鼬争取到逃跑的时间。

臭鼬喷出的液体沾到**狐狸的皮毛**上后，臭味会持续几天，但不会造成永久性伤害。

知识快读

臭鼬并不是唯一一种能产生特殊气味的动物，其他一些动物也能办到。

生活在东南亚的**熊狸**的尿液带有黄油爆米花味。它们以此来标记地盘。

津田氏大头竹节虫在感受到危险时，会喷出薄荷味的液体。

蜜蜂平时带柠檬味。遇到危险时，它们会散发出一点甜蜜的香蕉味，以警示敌人。

饮泪

在亚马孙雨林深处，蝴蝶和蜂类聚集在短吻鳄的近亲——凯门鳄周围，吸食凯门鳄咸咸的眼泪。对昆虫健康至关重要的矿物盐在雨林中是非常稀少的。凯门鳄在陆上时为了保持眼球湿润而分泌的眼泪，成了受欢迎的矿物盐来源。

哪种**鸟**能**啄**穿一棵**树**？

原产于北美洲的**北美黑啄木鸟**正是这样一种**充满力量的啄木鸟**，它们能用喙**啄穿整个树干**。这些“高速钻孔机”一天最多能啄**1.2万下**。

北美黑啄木鸟的**喙**坚硬且尖锐，形似凿子，因此它们能轻松啄穿树皮。

强壮的长爪深深刺入树皮里，使啄木鸟能够牢牢抓住树干。

北美黑啄木鸟有节奏地啄木头是在寻找食物以及与其他鸟类交流，比如吸引配偶。啄木鸟共有250余种，我们能从它们啄木头的独特声音辨别出其中许多种类。

啄木鸟通过醒目的红色羽冠和身上黑色的羽毛向其他鸟类发信号。

饥饿的啄木鸟从**树干上的小洞**里捉昆虫及其幼虫吃。

北美黑啄木鸟一秒能啄木 20 下。

知识快读

啄木鸟的舌头非常长。为了保护头部，啄木时，它们的舌头环绕头骨。捕捉树里的虫子时，它们的舌头可以伸得很长。

哪种动物像**人类**一样有**指纹**？

树袋熊和**灵长类动物**都有指纹。这些动物的指纹与人类的几乎**相同**，有着相似的**脊纹**。和人类一样，每个个体的指纹都是**独一无二**的。

人类的每根手指和整个手掌上都布满脊纹。

人类、树袋熊和其他灵长类动物的指纹很像，即使是**科学家也需要费一番力气才能分辨出来**。倭黑猩猩等灵长类动物与我们的进化历程相似，而树袋熊进化出脊纹则可以更好地抓握桉树的树干并抓取树叶吃。

特殊的“嗅探器”

鼻子无毛的动物，包括狗和牛，都有独特的鼻纹。现在人们已经开发出计算机软件，通过鼻纹就能识别狗的身份。

倭黑猩猩有着与人类**相似的指纹**和手部结构，这是因为它们属于灵长类动物。灵长类动物是包括猿类、猴类和人类在内的一类近缘哺乳动物。

树袋熊的指尖和一部分手掌上有**脊纹**。即使是在显微镜下，它们的指纹看起来也与人类的十分相似。

树袋熊、人类和其他灵长类动物的指纹惊人得相似。

乌鸦用喙和爪把小树枝上的叶子都摘掉，得到一根木棍。然后，它会将木棍一端压弯成钩。

新喀鸦是少数能设计工具的动物之一。

1. 科学家们认为，新喀鸦会先预想解决问题的方法，然后再开始制造、使用工具。这只乌鸦找到了一根小树枝，加工后用它来钩出藏在树干里的虫子。在测试环境下，这种鸟甚至会将木棍连在一起，制成更长的工具。

为了钩住虫子，**乌鸦**会上下左右**晃动木棍**。

2. 乌鸦用喙叼住改造好的木棍，将有钩的一端送入树皮或树洞里。钩子钩住了一只虫子。

知识快读

聪明的宽吻海豚用吻部咬住天然海绵，为的是在潜水寻找食物时防止尖利的岩石刮伤吻部。

海獭的腋下有一个皮囊空间，它们会把喜欢的石头放在里面，以备吃坚硬的贝类时用石头将其砸开。

哪种**鸟**超级**聪明**？

新喀鸦绝对算得上鸟中诸葛。它们用**喙和爪**制造并操控工具的技能**十分娴熟**。

这种生活在南太平洋群岛上的乌鸦制造工具的方式，在动物王国里前所未见。它们是少数几种会制造工具来捕捉猎物，以节省时间和体力的动物之一。

新喀鸦的大脑占身体的比例**较大**，这可能是它们如此擅于解决问题的原因之一。

3. 用工具钩到虫子后，乌鸦放下工具，一边用喙捉住虫子，一边用爪踩住工具，以便下次使用。

佼佼者

虽然工作犬不会制造工具，但它们经过训练后可以帮助残疾人，以及参与紧急救援。这只狗正用一根绳子帮助坐轮椅的男人开门。

南极磷虾群的规模甚至比蝗群还大。

1.2 亿只
南极磷虾

上亿只小小的南极磷虾成群游动，让几千米范围的水域看起来都变成了红色，甚至从太空中也能看到。

3200 万只
家鼠

大约每 4 年，**上千万只家鼠组成鼠群**，肆虐澳大利亚乡村地区，**破坏农作物**。家鼠的这种行为至今原因不明。

动物成群行动的原因有很多。南极磷虾是为了防止捕食者以个体为目标捕猎；束带蛇是为了交配；红嘴奎利亚雀等动物通过集体的力量寻找食物。而家鼠成群行动的原因仍是个谜。

蝗群

沙漠蝗铺天盖地地飞过北非，进入南欧部分地区、中东和南亚。蝗群数量多达 8000 万只。这些昆虫每天消耗 16 万千克的粮食，所过之处寸草不生。

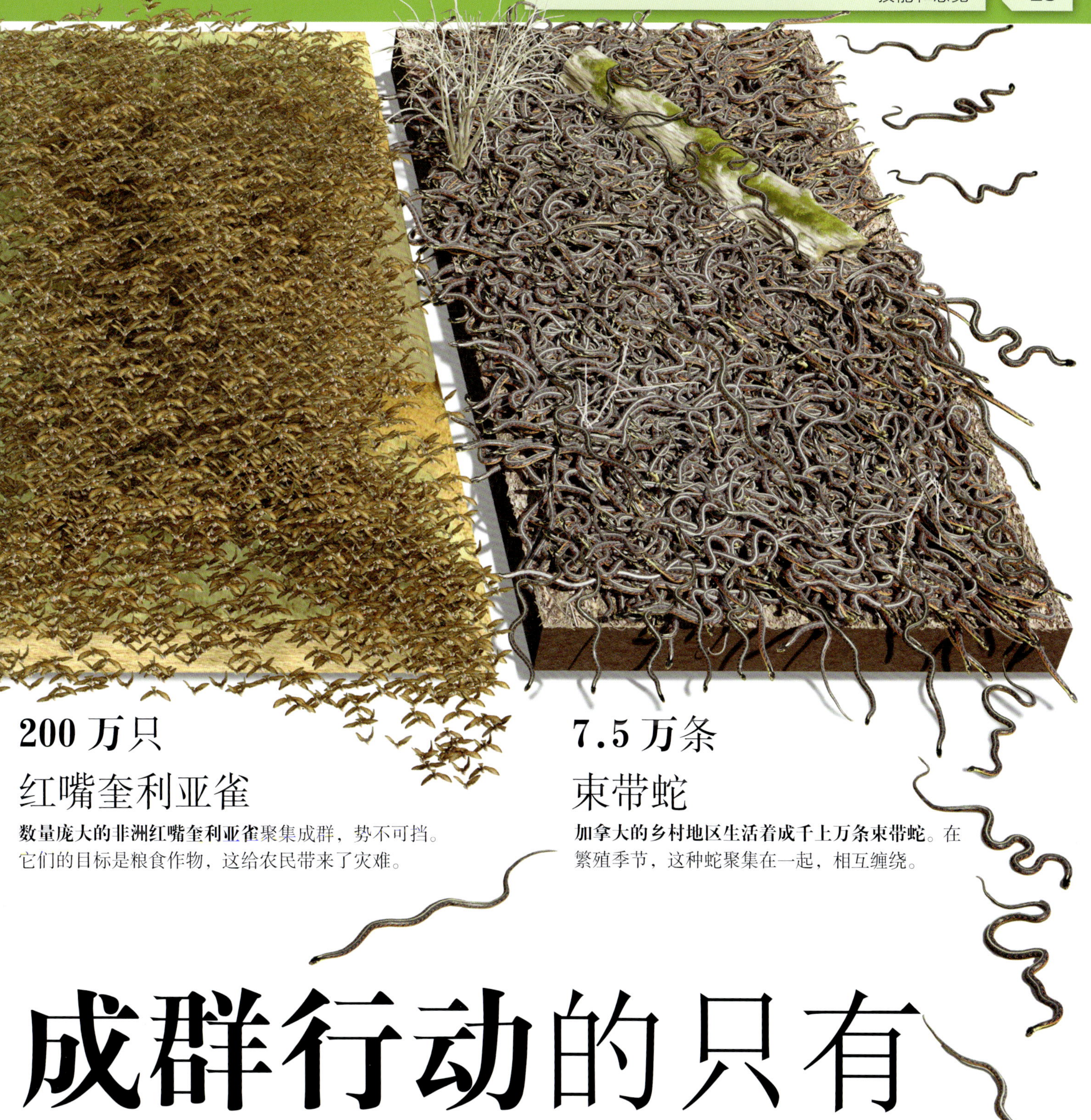

200 万只

红嘴奎利亚雀

数量庞大的非洲红嘴奎利亚雀聚集成群，势不可挡。它们的目标是粮食作物，这给农民带来了灾难。

7.5 万条

束带蛇

加拿大的乡村地区生活着成千上万条束带蛇。在繁殖季节，这种蛇聚集在一起，相互缠绕。

成群行动的只有蝗虫吗？

蝗虫以其**成群行动**形成蝗灾而出名。**鼠类**和**鸟类**等动物也会成群**迁徙**、**繁殖**或**捕食**。

奇装异服的毛虫

毛虫在变成**蝴蝶**或**蛾**之前，有着**鲜艳的颜色**和**狂野的花纹**，以**警告**捕食者吃它们很**危险**。

鞍背刺蛾
鞍背刺蛾毛虫的背上有鲜艳的花纹，就像穿着反光背心，它们仿佛在向捕食者发出“不要碰我”的信号。毛虫的头和尾长着刺突，人被上面的刺蜇了会很疼。然而由这种令人吃惊的毛虫变成的棕色蛾却意外地不起眼。

黑带二尾舟蛾
成年蛾因其毛茸茸的外表而获得“猫蛾”的别称。其毛虫用凶恶的脸和鞭子似的尾巴作为威胁，但真正的防御措施是喷射酸性液体。

鬼脸天蛾
成年蛾因背上骷髅头形状的斑纹而获得这个可怕的名字。黄绿色的鬼脸天蛾毛虫能长到12.5厘米长，惊人程度并不输给成年蛾。受到威胁时，毛虫会发出咔咔声，以吓退捕食者，有时甚至还会咬捕食者。

锐剑纹夜蛾

成年锐剑纹夜蛾与树皮融为一体，很难被发现，但其长有长毛的毛虫却有着亮丽的颜色。这种毛虫没有毒毛，但人如果碰到它们的话，还是会对皮肤产生刺激。

黑框蓝闪蝶

生活在南美洲雨林中的黑框蓝闪蝶长有闪亮的翅，翅展可达 20 厘米。其色彩斑斓的毛虫簇生着毒毛，是肉食性的，会捕食同类。

刻克罗普斯蚕蛾

这种巨大的毛虫会长成北美洲最大的蛾，翅展可达 18 厘米，而毛虫本身能达到 10 厘米长。其背部长有两列粗硬的小刺，虽然没有毒性，但看起来很可怕，足以吓退袭击者。

从捕食者到猎物

对大部分动物来说，凯门鳄是可怕的捕食者。而在**巴西的河岸边**，这只美洲豹正在有技巧地猎捕凯门鳄。它躲在岸边的阴影里，等待凯门鳄游过。当这只毫无防备的爬行动物靠近时，美洲豹就会跳到水中，同时亮出牙齿和爪子。美洲豹是猫科动物中咬合力最强的，它将凯门鳄摔到岸上，在几分钟之内就能将其制服。

鲸怎么睡觉？

大部分鲸像其他哺乳动物一样，睡觉时身体处于**水平状态**。但**抹香鲸**是个例外，这些庞然大物在水中**竖着**睡觉。

对研究抹香鲸睡眠行为的科学家来说，抹香鲸采用这种**竖直姿势**睡觉的原因还是个谜。

这些庞大的哺乳动物打盹儿不会超过15分钟。它们睡觉时，在海面下处于竖直漂浮的状态。抹香鲸一生中只有约7%的时间用来睡觉，与人类把生命中将近33%的时间用来睡觉相比，这个比例实在是很小。

抹香鲸睡觉时闭着眼睛，一动不动。

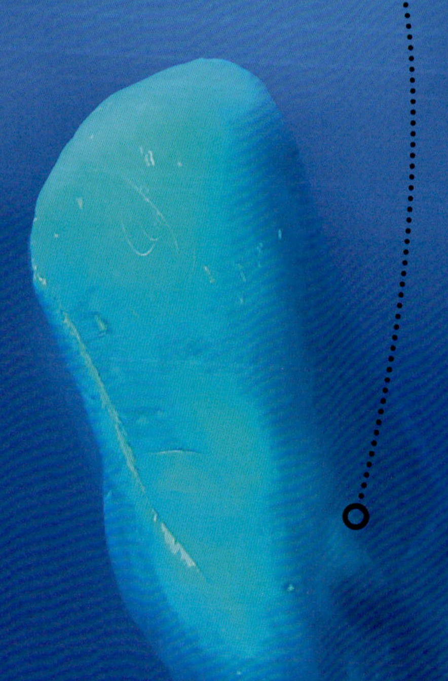

高空中的睡眠

有些鸟能在飞行时睡觉。这时它们的一只眼睛是睁着的，另一只是闭上的，与之对应的一半大脑保持清醒，另一半处于睡眠状态。高山雨燕能以这种方式连续飞行长达200天。

抹香鲸在水下大约10米深的位置竖着睡觉。

大约5只抹香鲸组成**小群**，聚在一起短暂地睡上一觉。

知识快读

树袋熊每天要睡15小时。它们吃的桉树叶能量低，只能支撑它们每天活动几小时。

海象在水中睡觉时将头枕在浮冰上，或者让喉咙里充满空气，从而让自己漂浮在水面上。

为了**警惕危险**的出现，**鸵鸟**的深度睡眠时间很短。它们经常站着小睡一会儿，以便随时准备逃跑。

黑猩猩的崛起

人类一直对黑猩猩非常着迷。黑猩猩的 DNA 与我们有 96% 相同，而且它们同样拥有高智商、可识别的面部表情，并且以家庭为单位生活。这些令人惊奇的动物甚至可以学习文字和解决问题。然而，人类对这种动物的喜爱却导致对它们的非法贸易。此外，黑猩猩还面临着栖息地丧失的威胁。

英国灵长类动物专家和环保主义者珍·古道尔博士对保护黑猩猩起到了很大的作用。1969 年，她来到坦桑尼亚，观察到这些聪明的动物会使用树叶、木棍和小树枝来捕猎、进食、清洁及打斗。这些不可思议的行为第一次被记录下来，很快便引起公众的注意。

野生环境中的黑猩猩集群生活，每群有 15 ～ 80 名成员。

珍·古道尔博士的观察以及她对环保、环境教育的贡献，对保护这一濒危物种起到了很大作用。虽然现在野生黑猩猩已有大约 25 万只，但在保护它们的栖息地方面仍有大量工作要做。

好交际的黑猩猩
这些灵长类动物生活在关系非常亲近的家族群体中。成年黑猩猩会教授年轻成员重要的生存技能，比如如何使用工具。

陆地生活

与大部分鱼类不同，弹涂鱼一生中长达 90% 的时间在陆地上度过，这是因为它们的特化鳍使其能在陆地上行走。上岸前，它们会先吸一大口水储存在鳃腔中，用于摄取氧气。此外，它们在空气中也能清晰视物。

这种稀有的鱼类不擅长游泳。它们用 4 个鳍在海床上行走，捕食蠕虫。这种行为与长着四肢的陆生动物类似。

红合鳍躄鱼通过**特化鳍**在海床上缓慢移动。

灵活的“肘部”使它们能在不平坦的海床上行走。

哪种**鱼**能**行走**？

在澳大利亚塔斯马尼亚海岸的水域中，一种**奇异的物种**正在“兴风作浪”。大部分鱼都是游泳高手，但**红合鳍躄鱼**却可以用**特化鳍**在海床上**行走**。

大大的鳍竖立在背部，并延伸到头部，帮助它们在水里游动。

每条红合鳍躄鱼都长有**独特的**橙色**花纹**、棕色斑点，以及类似扁平疣的小疙瘩。

红合鳍躄鱼
用4个特化得像人手一样的鳍行走。

成年红合鳍躄鱼体长大约为15厘米。

水下的**毛足纲动物**成为这只饥饿的红合鳍躄鱼的美味大餐。

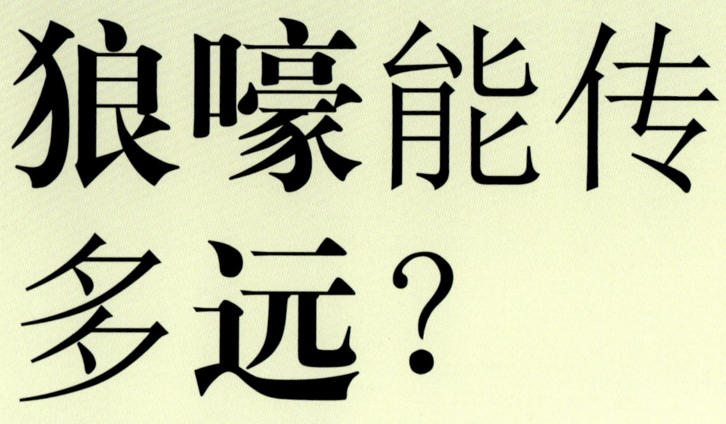

狼嚎能传多远？

灰狼因其在夜晚**嚎叫**出名。它们**野性的叫声**能被**11千米**外的狼群其他成员听到。

一匹狼在曼哈顿中央公园的嚎叫声，能被位于曼哈顿南端的另一匹狼听到。

嗷呜！

11千米

外出捕猎时，**落单的狼**通常用嚎叫与同伴保持联系。

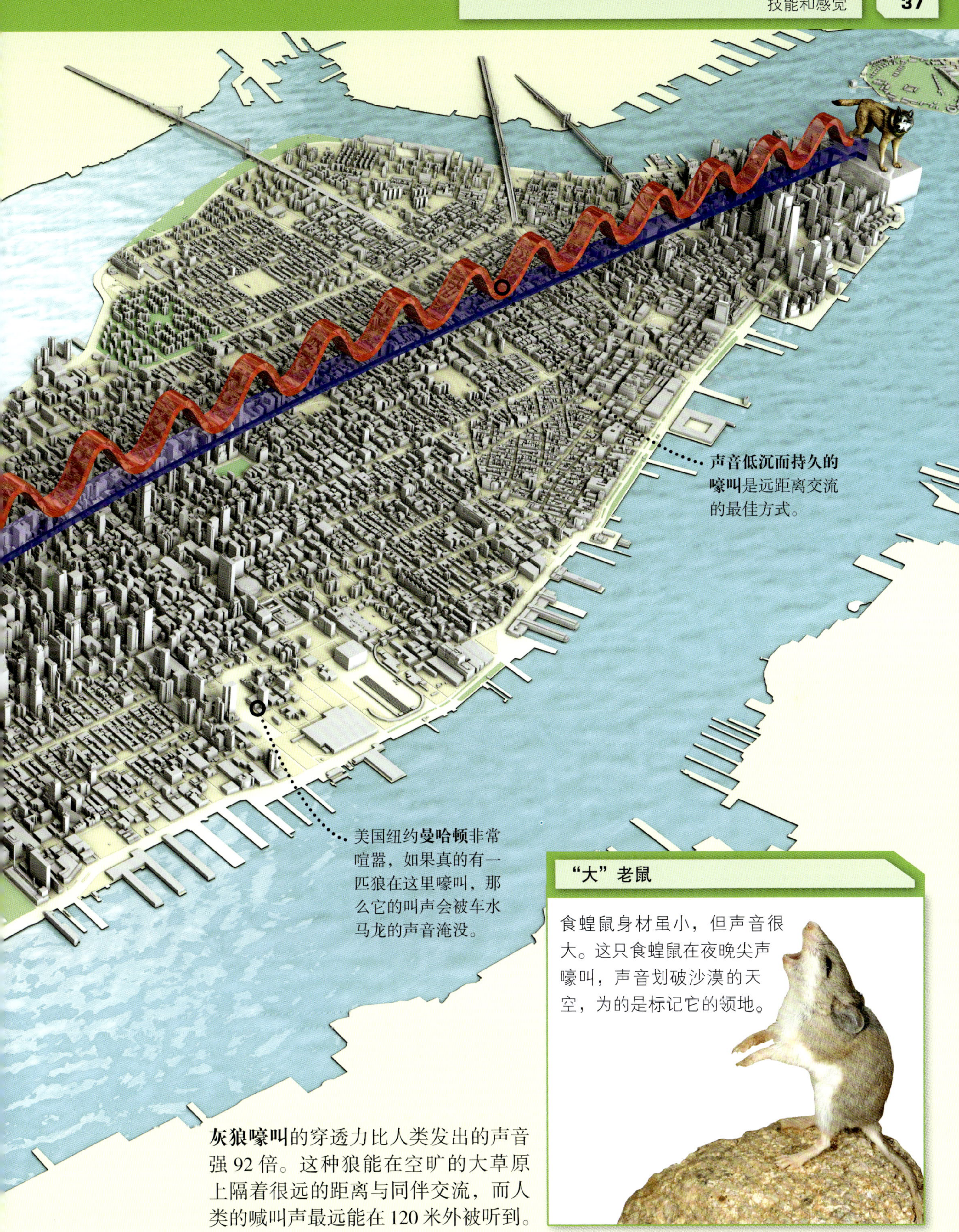

灰狼嚎叫的穿透力比人类发出的声音强 92 倍。这种狼能在空旷的大草原上隔着很远的距离与同伴交流，而人类的喊叫声最远能在 120 米外被听到。

“大”老鼠

食蝗鼠身材虽小，但声音很大。这只食蝗鼠在夜晚尖声嚎叫，声音划破沙漠的天空，为的是标记它的领地。

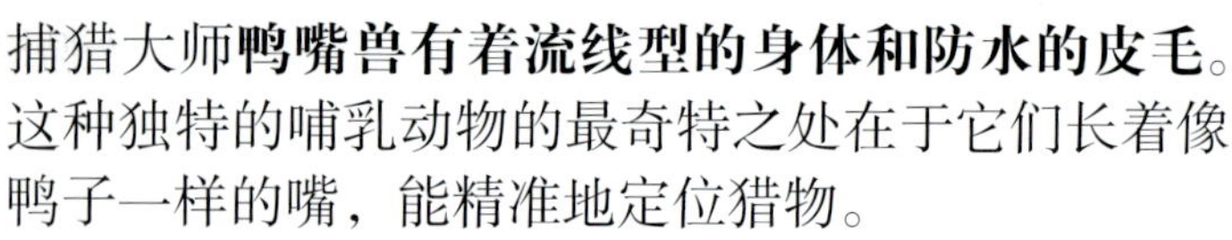

捕猎大师**鸭嘴兽有着流线型的身体和防水的皮毛**。这种独特的哺乳动物的最奇特之处在于它们长着像鸭子一样的嘴，能精准地定位猎物。

扁平的尾巴帮助鸭嘴兽在水中穿行时控制方向。

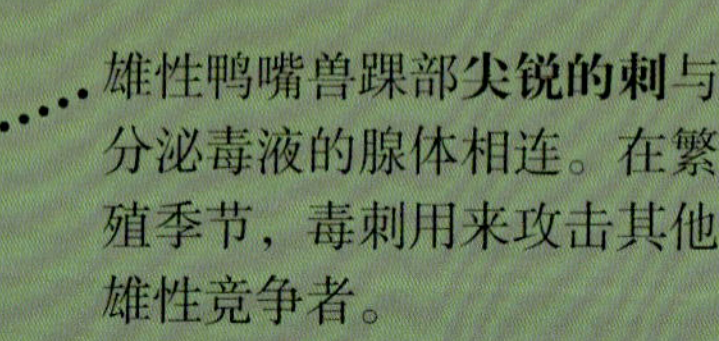

雄性鸭嘴兽踝部**尖锐的刺**与分泌毒液的腺体相连。在繁殖季节，毒刺用来攻击其他雄性竞争者。

鸭嘴兽不需视觉、嗅觉和听觉捕猎，只需自己的嘴来探寻猎物。

哪种**哺乳动物**长着**鸭嘴**？

鸭嘴兽在寻找食物方面有奇招，它们用自己**非常敏感的嘴**来探寻水下的猎物。

温暖的卵

鸭嘴兽和针鼹是仅有的两类卵生哺乳动物。雌性鸭嘴兽在河岸下的洞穴里一次产下一两枚卵，用自己的体温来温暖卵，直至幼崽孵化出来。图中是一名科学家手中的两枚鸭嘴兽卵。

东非菊头蝠是夜间捕食者，因鼻子形似菊花而得名。它们在空中盘旋，捕食昆虫。它们分布在非洲，栖息地多种多样，从洞穴到森林都有它们的身影。

哪种哺乳动物会飞？

蝙蝠长着**有力的肌肉和结实的双翼**，是唯一一类演化出**飞行**能力的哺乳动物。它们依靠**回声定位捕捉飞虫**。

蝙蝠的双翼有着超轻的骨骼和能够活动的关节，与鸟类的翅膀相比更像人类的手。这些灵活的关节使蝙蝠在捕猎时能突然转向。

东非菊头蝠几乎只吃**大蛾子**。

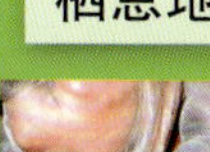

栖息地

蝙蝠成群在树上、洞穴里和岩石裂隙里休息。它们虽然倒挂着休息，但从来不会头晕。这是因为它们的身体很小，地心引力不足以使它们的血液涌向大脑。

哪种动物的 **叫声最大？**

有些人**嗓门儿很大**，这些动物的**叫声超过**了大部分人类。

白钟伞鸟求偶时的叫声是世界上最洪亮的鸟鸣声音。雄性白钟伞鸟有着发达的胸肌，以防它们在鸣叫时身体爆炸！

白钟伞鸟
125 分贝

短吻鳄发出响亮的吼声来吸引配偶。

美洲短吻鳄
94 分贝

人类
129 分贝

英国人吉尔·德雷克保持着单人喊声最大的世界纪录。

鼓虾

这种小小的鼓虾能发出很大的声音，但发声部位并不是嘴。鼓虾快速闭合大螯，能产生200 分贝的声音。

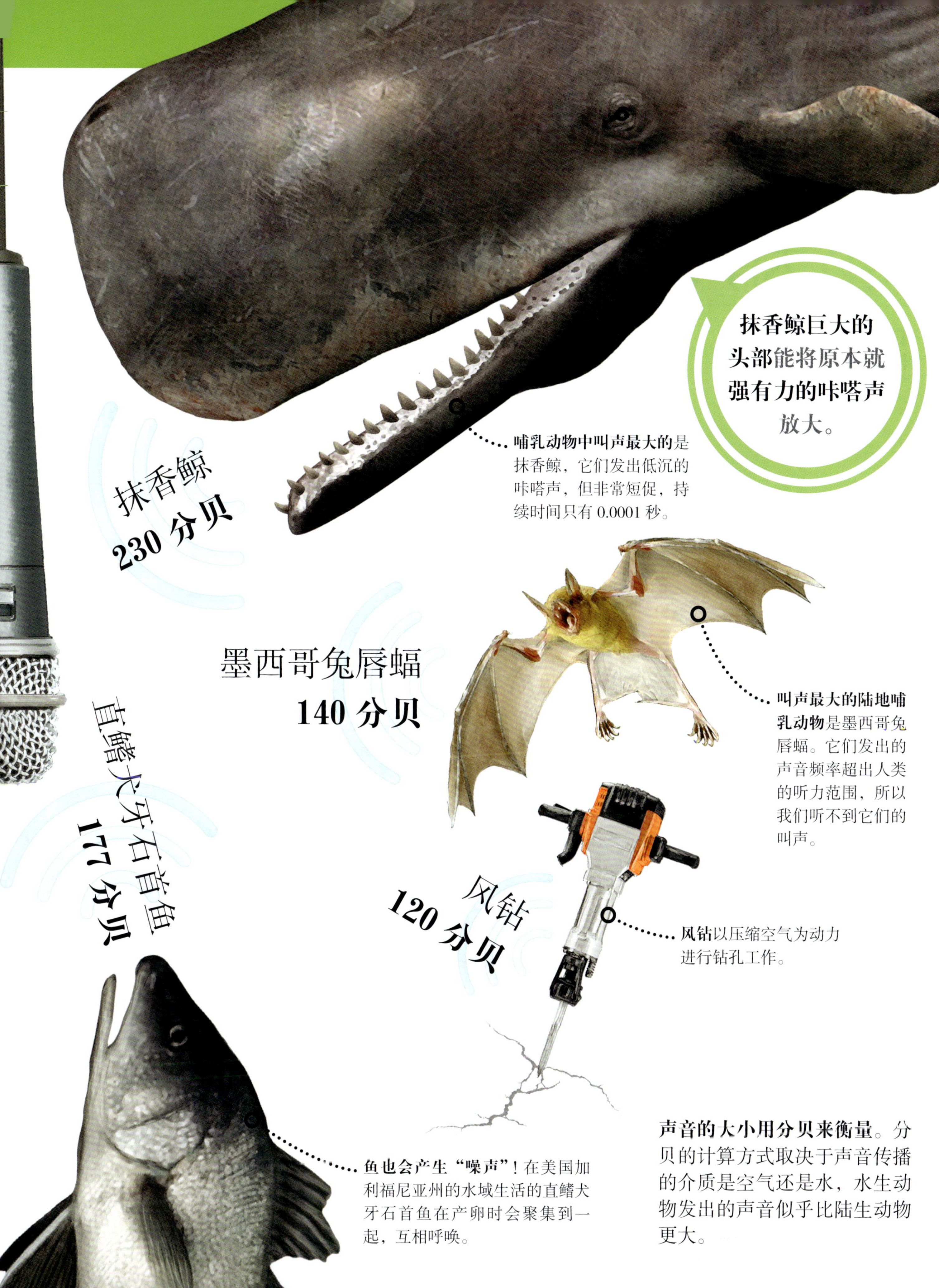

哺乳动物中叫声最大的是抹香鲸，它们发出低沉的咔嗒声，但非常短促，持续时间只有 0.0001 秒。

叫声最大的陆地哺乳动物是墨西哥兔唇蝠。它们发出的声音频率超出人类的听力范围，所以我们听不到它们的叫声。

风钻以压缩空气为动力进行钻孔工作。

鱼也会产生“噪声”！在美国加利福尼亚州的水域生活的直鳍犬牙石首鱼在产卵时会聚集到一起，互相呼唤。

声音的大小用分贝来衡量。分贝的计算方式取决于声音传播的介质是空气还是水，水生动物发出的声音似乎比陆生动物更大。

技能和感觉的趣知识

跳得最高的动物

动物王国有许多**技术高超的跳高选手**，它们能跳很高。这里是其中 6 种**佼佼者**。

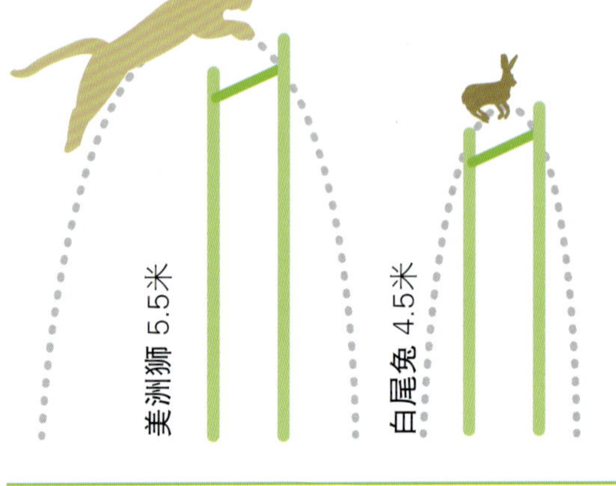

长吻原海豚 3米

最长飞行时间

这些惊人的鸟类在**非繁殖季**会**长时间持续飞行**。

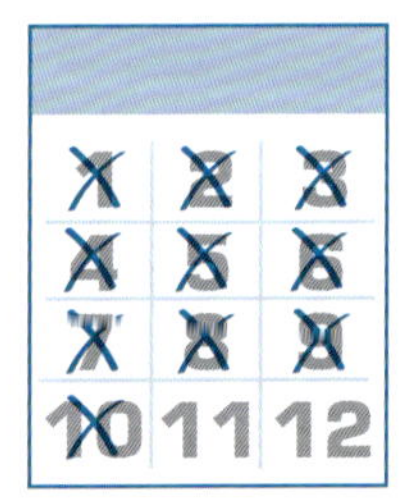

◀**普通楼燕**

这种候鸟**每年**有大约10个**月**的时间都在空中飞行，飞行距离可达9656千米。

◀**高山雨燕**

高山雨燕**每年**的飞行时间超过**6个月**。它们吃飞虫。

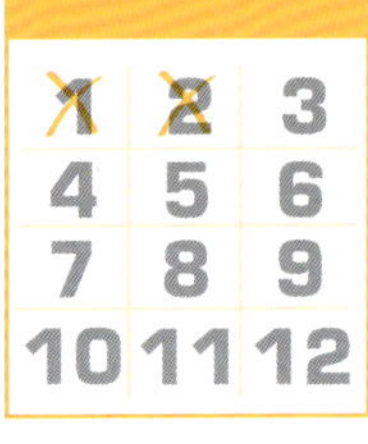

◀**军舰鸟**

青少年时期的军舰鸟**每年**飞行约**2个月**。它们擅于用翼展达2.3米的翅膀滑翔。

防御武器

一些小型动物**保护**自己不受大型捕食者伤害的方式相当**不可思议**。

得克萨斯角蜥能从眼睛里喷出**一股味道恶心的血液**。它们会对着捕食者的嘴喷射。

西班牙肋突蝾螈让**肋骨**刺穿**皮肤**，形成**尖刺**。

外露的肋骨

能变换颜色的动物

▲ **黄金龟甲虫**

在交配和受到威胁时，这种甲虫的体色会由**金色**变为**红色**。它们**分泌**的一种**液体**能改变身体**反射的光**，以此实现体色的改变。

▲ **海马**

海马的皮肤中有微小的**色素囊**。色素囊能够展开或收缩，使皮肤的**颜色变化**，起到**伪装**作用。

▲ **太平洋拟蝗蛙**

这种雨蛙皮肤中的**色素囊**使其能根据光线的**亮度改变**身体的**颜色**，在换季时帮助它们**伪装**。

最灵敏的嗅觉

熊 32千米

大象 19千米

蛾 10千米

这些动物有着**超群的嗅觉**，能在**超级远的距离**之外**嗅出**异性、捕食者和食物的气息。

长距离滑翔

虽然这些动物没有翅膀，但它们依然可以**飞上天**！这些**厉害的滑翔者**伸展身体，利用**气流**在空中滑翔。

红白鼯鼠

400米

黄腹袋鼯

140米

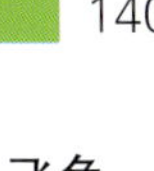

飞鱼

50米

“水上漂”

· **双嵴冠蜥**用**宽大的脚掌**捕捉空气，让脚掌和水面之间产生气泡，帮助自己在水上行走。它们最远能在水上走**4.5米**。

· **水黾**是水生昆虫，它们**毛茸茸的腿**可以帮助它们**在水面上划行**而不沉下去。

· **亚马逊鞘趾虎**小到一滴雨就能把它们淹死，但它们**拒水性的皮肤**却能帮助它们**站在水上**。

不可思议的身体

动物王国里每一种非凡的动物都有着自己独特的生存方法。从表面黏滑的深海生物到能敲碎椰子的甲壳动物，许多动物的身体都令人难以置信。

星鼻鼹的样子十分奇特。对这种眼神不好的食肉动物来说，它们奇特的星形鼻尖是一个超级感受器，能帮它们在掘地前行时探测到猎物。

蓝鲸是世界上最重的动物。即使是刚出生的蓝鲸都有惊人的2700千克重，几乎和一头成年河马一样重。在出生后的第一年，蓝鲸幼崽的体重每天会增长60千克，这几乎与成年人类的平均体重相等。它们每天要喝掉225升蓝鲸妈妈分泌的富含脂肪的乳汁。雌性蓝鲸比雄性蓝鲸重。

蓝鲸的体长可达32.6米，**尾鳍**的宽度可达7米，大约是体长的1/4。

一头蓝鲸的重量相当于32头雄性亚洲象的重量。

一头蓝鲸重约150000千克。

蓝鲸的鳍肢最长可达4.8米，帮助蓝鲸转换方向。

蓝鲸自喉到脐长着**多达88条长褶**。它们在进食时，长褶被撑开，以容纳大量的水和食物。

知识快读

蜂鸟是世界上最小的鸟类，体重只有约1.6克。在天平一端放上1个指尖陀螺，天平另一端需要站上37只蜂鸟才能使天平平衡。

指尖陀螺的平均重量是59克，相当于37只蜂鸟的体重。

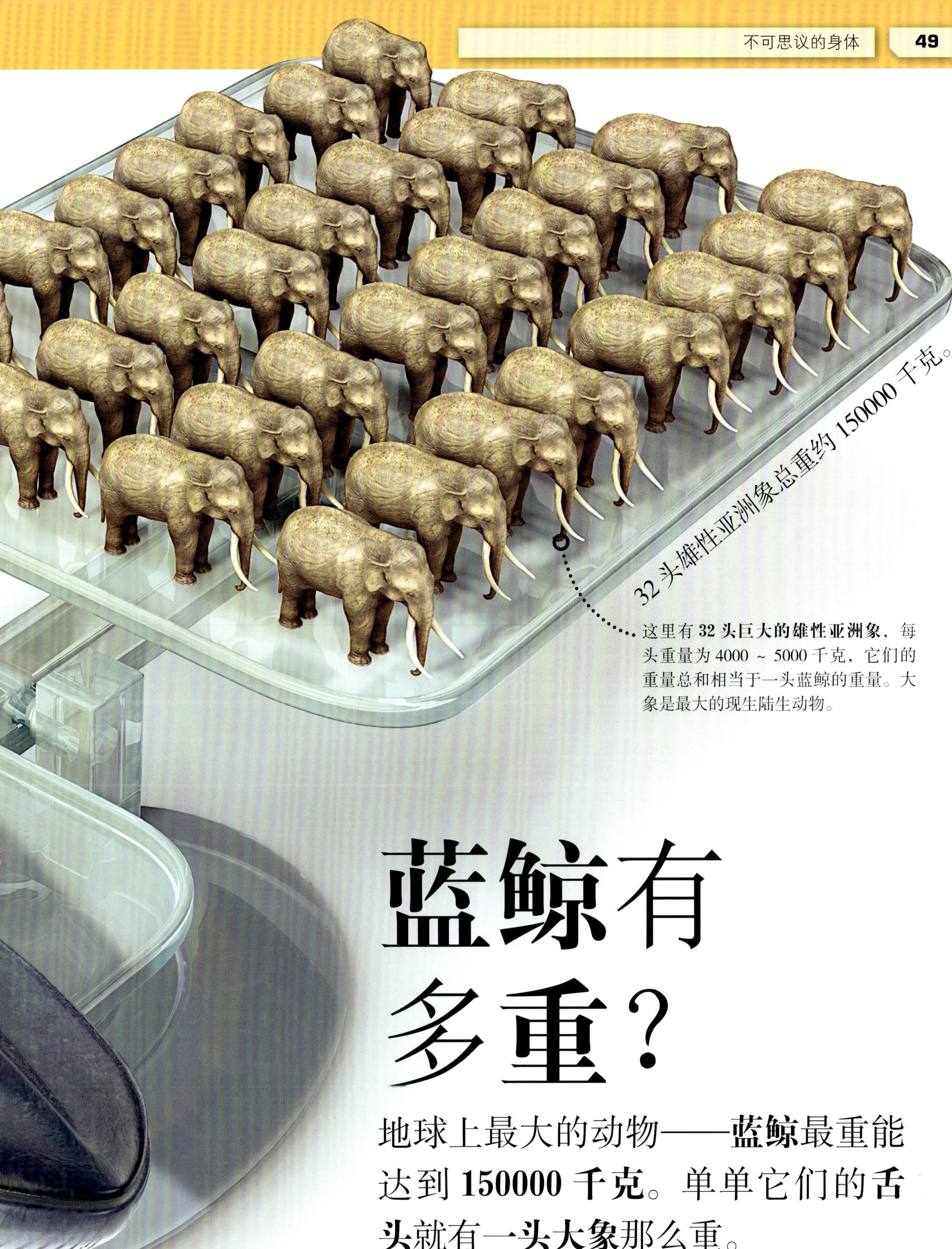

这里有 **32 头巨大的雄性亚洲象**，每头重量为 4000 ~ 5000 千克，它们的重量总和相当于一头蓝鲸的重量。大象是最大的现生陆生动物。

蓝鲸有多重？

地球上最大的动物——**蓝鲸**最重能达到 **150000 千克**。单单它们的**舌头**就有**一头大象**那么重。

哪种章鱼是伪装大师？

一只**变形动物**潜伏在**印度尼西亚沿岸**的热带水域中。这是一种**拟态章鱼**，通过**模拟**其他海洋生物来**骗过捕食者**，或者**向猎物靠得足够近**，以便快速抓捕它们。

拟态章鱼模拟比目鱼的行为，将自己藏在海床上。

拟态章鱼将自己长长的腕伸长，并拢在一起，像比目鱼的身体一样，简直以假乱真。

拟态章鱼不但模拟鱼的形状，还改变自己的花纹，变成带斑点的样子，成了比目鱼的“双胞胎”。

警戒色

拟态章鱼原本的花纹为大胆的条纹。这种花纹也许足以吓住潜在的袭击者，给章鱼争取到时间迅速逃走。

身体柔软的拟态章鱼没有坚硬的骨骼，因此它们能轻松灵活地改变身体形状。这只聪明的章鱼通过改变皮肤的颜色、花纹和质感，使自己看起来像图中的比目鱼一样，让其他许多海洋生物难以分辨。

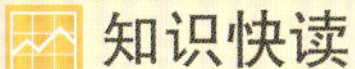

知识快读

据说拟态章鱼能模拟多达 13 种海洋生物，这里展示了其中一些被模仿者和拟态章鱼模仿它们时的样子。

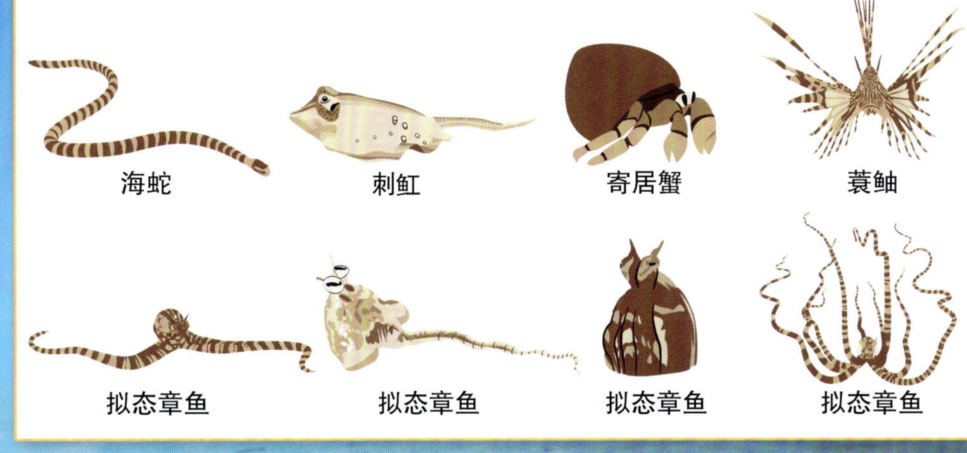

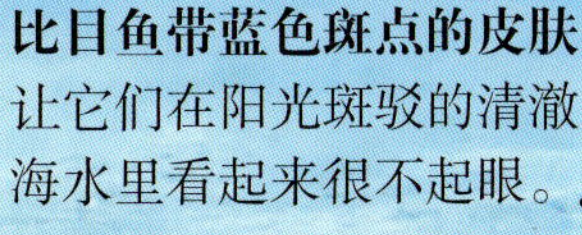

比目鱼带蓝色斑点的皮肤让它们在阳光斑驳的清澈海水里看起来很不起眼。

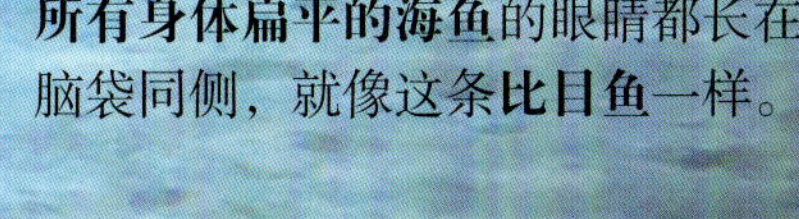

所有身体扁平的海鱼的眼睛都长在脑袋同侧，就像这条**比目鱼**一样。

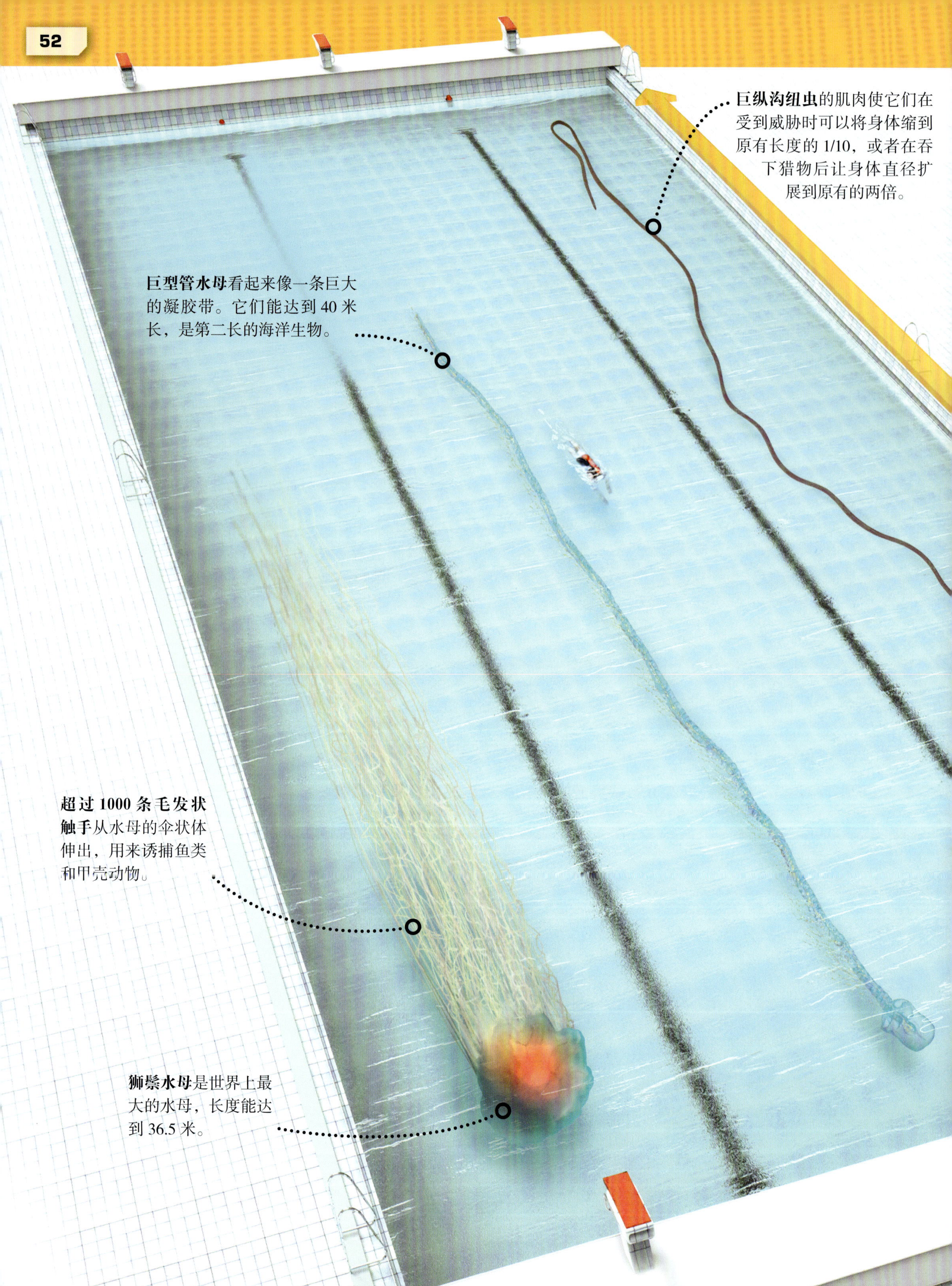
巨纵沟纽虫的肌肉使它们在受到威胁时可以将身体缩到原有长度的 1/10，或者在吞下猎物后让身体直径扩展到原有的两倍。
巨型管水母看起来像一条巨大的凝胶带。它们能达到 40 米长，是第二长的海洋生物。
超过 1000 条毛发状触手从水母的伞状体伸出，用来诱捕鱼类和甲壳动物。
狮鬃水母是世界上最大的水母，长度能达到 36.5 米。

最长的动物是什么？

在英国北海冰冷的海水中，生活着**地球上最长的生物**。**巨纵沟纽虫**是一种蠕动的细长生物，长度超过 **55 米**。

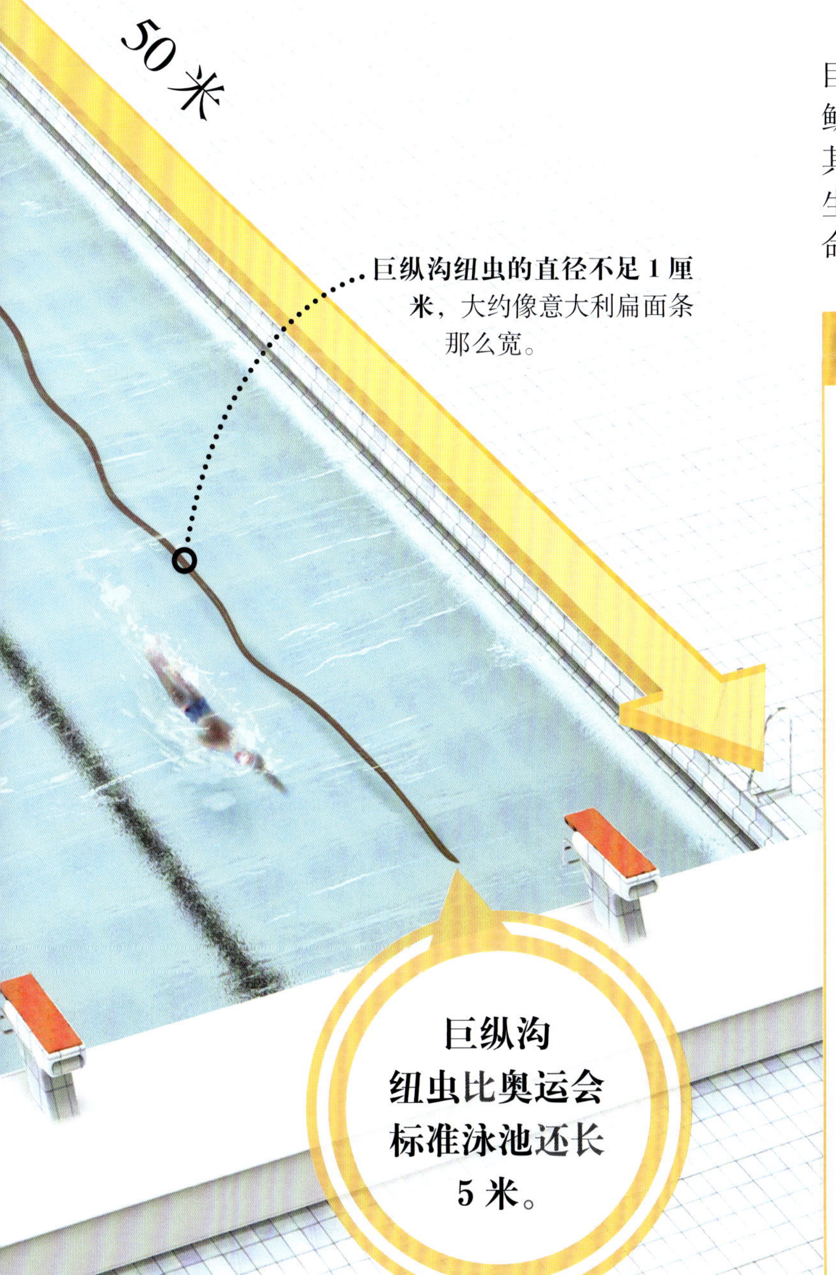

巨纵沟纽虫的直径不足 1 厘米，大约像意大利扁面条那么宽。

巨纵沟纽虫比奥运会标准泳池还长 5 米。

巨纵沟纽虫是**组形动物的一员**。它们能长到蓝鲸体长的两倍左右。与这种长长的生物相比，其他大部分海洋生物看起来都很短。它们能产生一种对甲壳动物来说毒性很强、甚至足以致命的黏液，但这种黏液似乎对人类无害。

知识快读

矮灯笼鲨是世界上最小的鲨鱼。其中最大的样本也仅有 20 厘米长，而大多数样本比成年人的手还短。

18 厘米

世界上最小的水母是伊鲁坎吉水母，它们的伞状体最高只有 1.2 厘米，和软心豆粒糖差不多大。虽然它们很小，但对于人类来说却有剧毒。

伊鲁坎吉水母

软心豆粒糖

人类大小的水母

在英国海岸拍摄纪录片时，**潜水员用摄像机捕捉到巨大的桶水母的身影**。它们也叫褶皱口水母，这种海洋生物带褶边的触手上有数百个小口。它们大约有 1.5 米长，以微小的浮游生物为食。在温暖的水域，它们是棱皮龟最喜欢的食物。

知识快读

睡觉时，**鹦鹉鱼**会用黏液做成的泡泡**包裹住自己**，以免受到捕食者的袭击。

黏液泡泡中的鹦鹉鱼

天鹅绒虫从头部的腺体里**喷出黏液**，用这种黏性陷阱抓捕猎物。

天鹅绒虫和猎物

盲鳗能把自己打成结，这是因为它们没有骨质的脊椎，而是长有被称为脊索的灵活、有弹性的棒状结构。盲鳗通过让结顺着身体滑动来除去身体上多余的黏液。黏液可以帮助它们从袭击者口中逃跑，或者更好地抓住食物。

盲鳗从尾部开始**打结**，然后**将结**滑到身体中段。

哪种**鱼**会把自己**打成结**？

无颌、**无脊椎**、还会分泌大量**黏液**的**盲鳗**可能看起来并不惹人喜爱，但它们拥有非常**特殊的天赋**。它们能把自己**像鳗鱼一样的身体打**成一个完美的**结**。

盲鳗无鳞的身体上覆盖着松弛的皮肤，它们通过皮肤吸收一部分营养。

黏液溢出

2017 年在美国俄勒冈州的高速公路上，一辆卡车将搭载着的数千条出口用盲鳗散落一地，把道路变成了一条黏液河。在清理之前，几辆汽车一直被困在这堆黏液里。

亮蓝色的动物

自然界充满了如**万花筒般**斑斓耀眼的**颜色**，但只有少数一些生物**真正是蓝色的**。

大西洋海神海蛞蝓

这种炫酷的生物是一种海蛞蝓。它们蓝色的背部与印度洋和太平洋蔚蓝的海水融为一体，这样可以逃过鹈鹕等空中捕食者的眼睛。而它们蓝灰色的腹部则对海中的鱼类捕食者起到伪装作用。

花斑连鳍䲗

生活在太平洋珊瑚礁里的花斑连鳍䲗的皮肤会产生鲜艳的蓝色素，以吓退捕食者。它们这种自身能产生蓝色素的特点，在脊椎动物中非常独特。

紫蓝金刚鹦鹉

这种生活在南美洲的鸟类的羽毛只能反射蓝光，因此它们掠过天空时就像一道耀眼的蓝色火焰。不过，它们羽毛中的色素其实是黑色素。

黑框蓝闪蝶

这种漂亮的南美洲蝴蝶的双翅正面覆有微小的鳞片，能反射蓝光。飞行时，双翅扇动，正面的蓝色与背面的棕色交替出现，使得蓝色一闪一闪的。

箭毒蛙

这种颜色鲜艳的钴蓝箭毒蛙于1968年在南美洲被发现。它们的皮肤下有一层微小的晶体，能捕捉光线，使皮肤看起来呈蓝色。这种颜色对捕食者来说是一种警告。

最长的毒牙

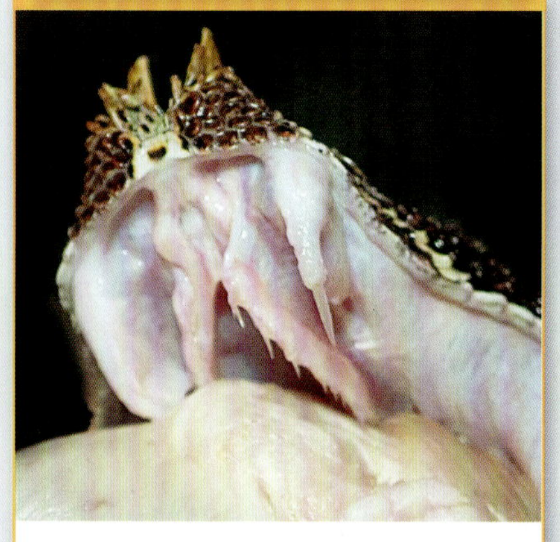

非洲的加蓬咝蝰拥有所有蛇类中最长的毒牙——达5厘米。人类只要被它们咬上一口，被注入的毒液足以致死。

最长的蛇

最长蛇类世界纪录的保持者是一条名为“美杜莎”的**网纹蟒**。这条雌性蟒蛇有**7.67米**长。有报道称，有目击者曾在野外见到过比“美杜莎”更长的蛇。

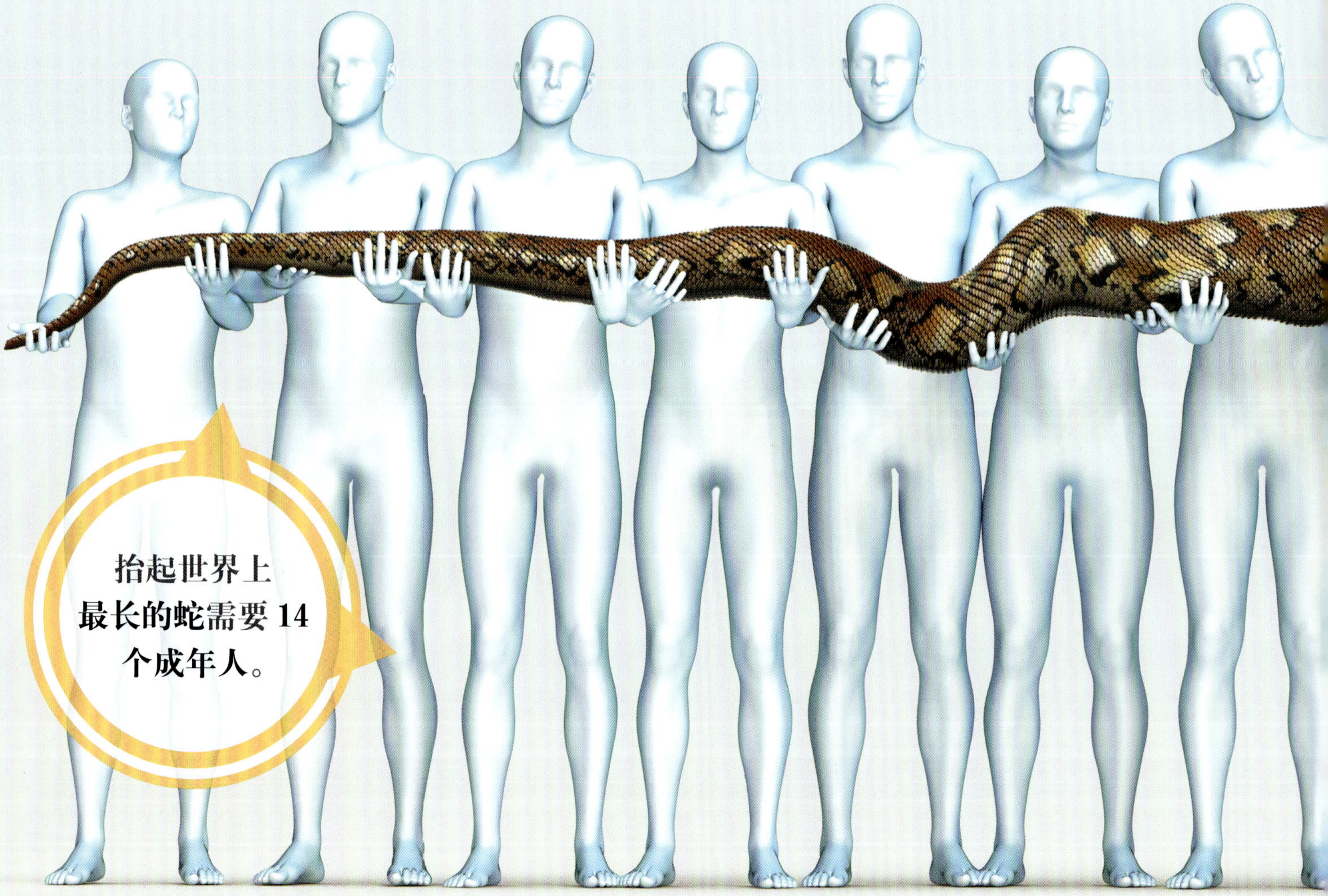

抬起世界上最长的蛇需要14个成年人。

知识快读

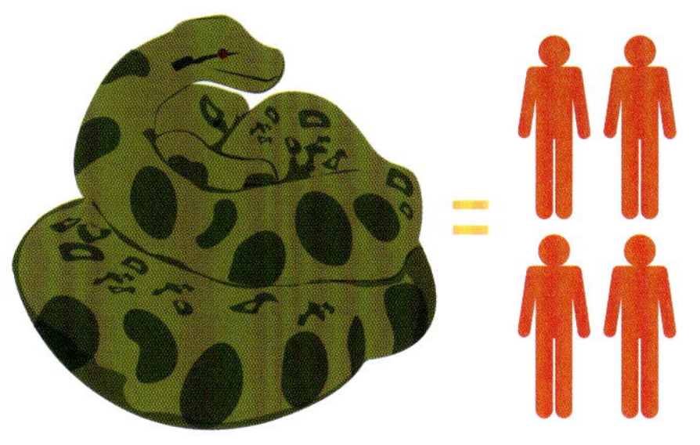

世界上最重的蛇类是绿森蚺，重达227千克，这个重量相当于4个成年人的体重。

最小的蛇类是卡拉西方细盲蛇，体长只有10厘米。它们能将全部身体盘在一枚硬币上。

拥有最致命毒液的蛇类是细鳞太攀蛇。它们的一口毒液就足以使100个人死亡。

网纹蟒是地球上最长的蛇类，平均长度能达到5米。2011年，“美杜莎”的体重达到了159千克。这样惊人的体重要归功于它的食物——兔、啮齿动物、猪以及鹿。

在茂密的森林里，网纹蟒身上**网状的花纹**为它们提供了伪装。

网纹蟒的**嘴能张得很大**，但它们不能咀嚼。因此它们会把猎物整个吞下。

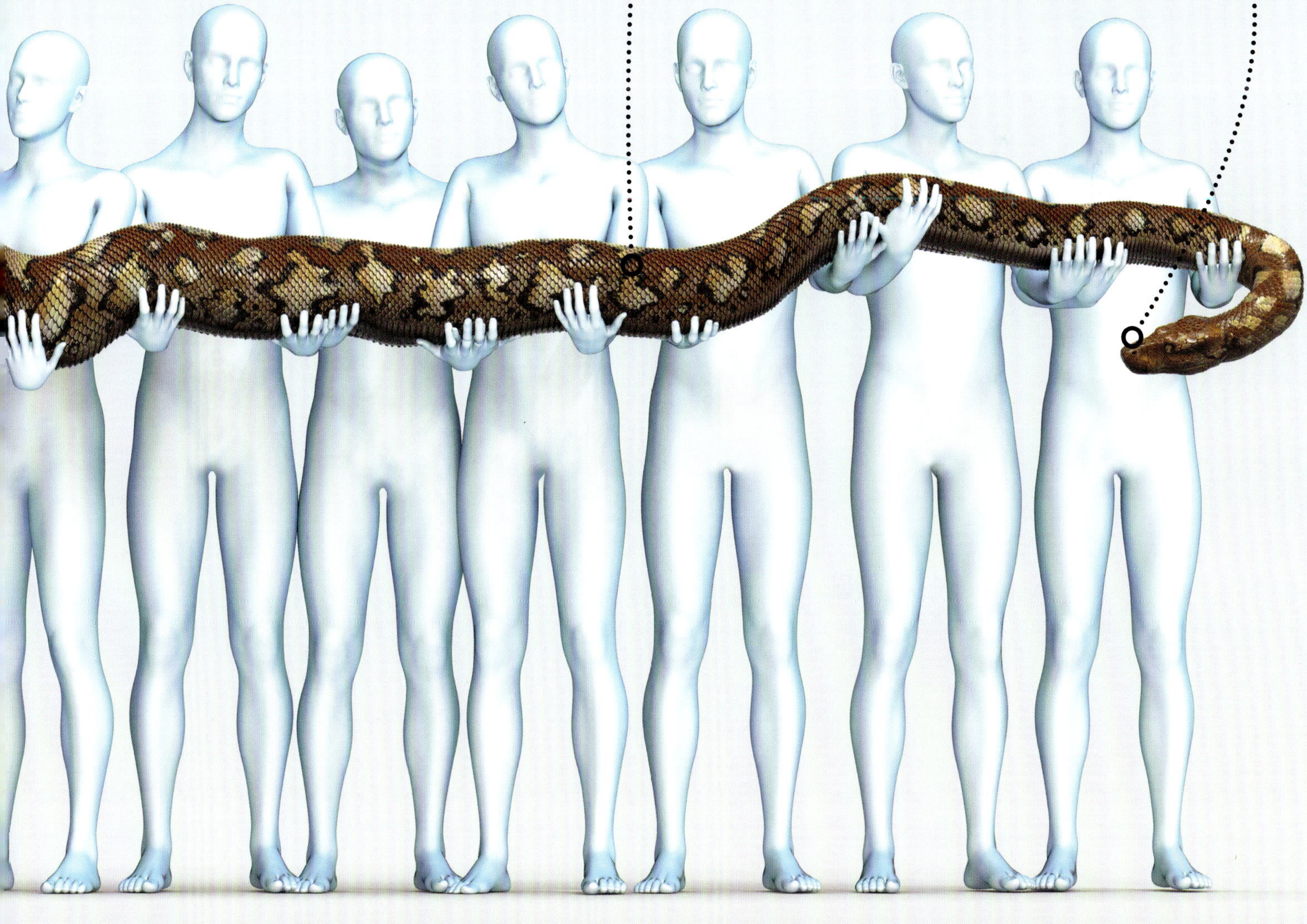

熊类在适应不同环境的过程中，演化出不同的体形和生活方式。一般来说，生活在寒冷地区的熊类，身材更高大，以保持身体温暖。这张图显示了几种成年雄性熊类的最高身高。雌性的体形比雄性小一些。

熊有多大？

生活在美国阿拉斯加州的**科迪亚克岛棕熊**站起来有 **3.25 米高**，**体重**达到 **680 千克**，是世界上**最大的熊**。

中国的**大熊猫**主要吃竹子。它们通过能抓握的前掌、强壮的颌部和强大的牙齿，握住、撕扯和咀嚼这类坚韧的植物。

马来熊是体形最小的熊。它们生活在东南亚的热带雨林里，长着长而尖的爪子，用来刺穿蜂巢。

1.9 米　　1.75 米　　1.4 米

知识快读

生活在**美洲和亚洲的黑熊**是两个不同的物种，但它们都非常擅于爬树。美洲黑熊很常见，而亚洲黑熊属于濒危物种。

树上的美洲黑熊幼崽

马来熊黏黏的舌头大约有 25 厘米长，它们用舌头从缝隙中舔食白蚁、蚂蚁及其幼虫，从蜂巢中舔食蜂蜜。

哪种动物会把自己的**胃吐出来**？

如果我们吃了不对的东西，那么我们可以把**胃里的东西吐**出来。马或鼠等动物不会呕吐，而**蛙**能把**胃整个吐**出来。

蛙能把自己的胃吐出来，以清除有毒的食物。

知识快读

世界上最小的蛙是阿马乌童蛙，体长只有 7 毫米。一枚 10 美分硬币就能站得下一只阿马乌童蛙。

最重的非洲巨蛙体重超过 3 千克，相当于一个人类新生儿的体重。

世界上最大的蛙是非洲巨蛙，体长可达 32 厘米，比橄榄球还要长。

蛙将胃吐出来，以清除有毒物质，这个过程叫作“胃外翻”。一旦有毒物质被清除，蛙就会在一秒内把胃吞回身体里。

玻璃蛙

这种小小的玻璃蛙拥有透明的皮肤，其器官、肌肉和骨骼一览无余。我们还能看到它们跳动的心脏。

最大的蟹

椰子蟹是**世界上最大**的陆生蟹，也是最大的陆生无脊椎动物。它们还拥有动物王国里**最强大的握力**。

巨大的椰子蟹广泛分布在印度洋和太平洋的许多岛屿上。成年椰子蟹只有在产卵时才会进入海中。幼蟹孵化后在水中生活 20~30 天，然后到陆地上生活。

这些巨大的甲壳动物的**步足展开**超过 1 米，而它们的身体可能达到 40 厘米长。

椰子爱好者

椰子蟹蟹如其名，它们吃椰子。巨大的螯能打开坚硬的椰子壳，让它们吃到里面的椰肉。

椰子蟹用巨大的步足能轻松地环住一个篮球。

6 条强壮的带关节的步足帮助椰子蟹爬树和割取椰子。还有一对细小的步足藏在头胸甲下的鳃腔里。

坚硬的外骨骼（外壳）保护着里面柔软的身体。

椰子蟹**重**约 4 千克，几乎是篮球的 10 倍。

男子篮球联赛中使用的**标准篮球**的周长约为 75 厘米，直径约为 24 厘米。

强有力的螯用来捕食鼠、寄居蟹，夹取果实和腐肉，还可以凿开椰子。

知识快读

巨螯蟹是最大的海生蟹，重约 18 千克。它们的足展有 4 米，相当于 辆轿车的长度。

美洲螯龙虾是世界上最重的甲壳动物，重达 20 千克，和一个 6 岁儿童差不多重。

盛装的蟹类

这些**富有创意**的**甲壳动物**用天然的装饰材料，甚至其他生物，作为隐藏自己或**防御捕食者**的绝佳**伪装**。

红毛猩猩蟹
这种生活在热带地区的小型蟹类有着鲜艳的颜色和与红毛猩猩类似的绒毛。红毛猩猩蟹有时候会收集石头碎片、小块的海草和破碎的贝壳来覆盖自己毛茸茸的步足。

钝额曲毛蟹
钝额曲毛蟹用它们长长的步足将藻类和海绵拉到自己身上。其中无法自己移动的海洋生物就会在蟹的身上继续生长，形成复杂的伪装。

拳击蟹

拳击蟹用螯夹住小小的但有毒的海葵来自我防御，就像戴着拳击手套一样。多触手的海葵像啦啦队员的手花一样，因此这种蟹又叫“啦啦队蟹”。

海胆蟹

海胆蟹总是“穿得花枝招展”。它们会把海胆背在背上，让自己像是武装了带刺的盾牌，用来吓退捕食者。这种蟹长有强壮的后足，以支撑这份额外的重量。

装饰蟹

装饰蟹长着许多钩状刺毛，可以把海葵、藻类、珊瑚和海草挂满全身，是真正的“时尚达人”。随着这些天然饰品不断生长，装饰蟹的伪装也越来越复杂。

捕食者勿近

宽铃钩蛾在停息时通过惟妙惟肖的拟态来保护自己。它们平展的双翅上的花纹看起来就像两只苍蝇在吃鸟粪，这很有可能使潜在的捕食者产生反感而后离开。为了让这种拟态更真实，它们甚至会释放出鸟粪的气味。

一辆路特斯 Elise Cup 250 跑车重 931 千克，长 3.8 米。

湾鳄是一种体形巨大的爬行动物，分布在澳大利亚、印度和东南亚。有的比一辆轿车还重，体长可达 7 米，几乎是轿车的两倍。

哪种**爬行动物**最重？

湾鳄是地球上现存**最重的爬行动物**。这种巨大的鳄体重能达到 **1000 千克**，太惊人了。

湾鳄的重量相当于一辆跑车，有些个体甚至比跑车还重。
湾鳄能长得如此之大还要归功于它们以野猪、水牛甚至鲨鱼等大型动物为食。
蹼足帮助湾鳄在水中前进，抓捕猎物。
这种鳄的咬合力是所有动物中**最强的**。它们肌肉发达的颌部咬住猎物的力量是人类咬合力的 20 倍。
知识快读
2014 年在马达加斯加发现的**侏儒避役**是最小的爬行动物。成体只有 2.9 厘米长。
钝吻古鳄是最小的鳄，重约 7 千克，和一只 9 周大的拉布拉多猎犬差不多重。

3000 颗牙齿

鲸鲨有着惊人的3000颗牙齿，但这些牙齿不是用来咀嚼大型猎物的。它们的嘴里有发达的鳃板，可以从水中过滤浮游生物来吃。

100 颗牙齿

大犰狳有大约100颗牙齿，比其他陆生哺乳动物的都多。

在鲸鲨1.5米宽的嘴里有300多排小牙齿。

哪种动物的**牙齿最多？**

从超级大嘴到巨大的牙齿，这里有咀嚼和啃咬的冠军。**鲸鲨**总共有**3000颗小牙齿**，而大白鲨**一生能长出3万颗牙齿**。

大白鲨是站在海洋食物链顶端的动物。它们强大的颌部和最多可排成7排的300颗尖利的三角形牙齿能咬碎猎物。它们的牙齿会持续地更新换代，新牙不断从脱落牙齿的后面长出来。

28~32 颗牙齿

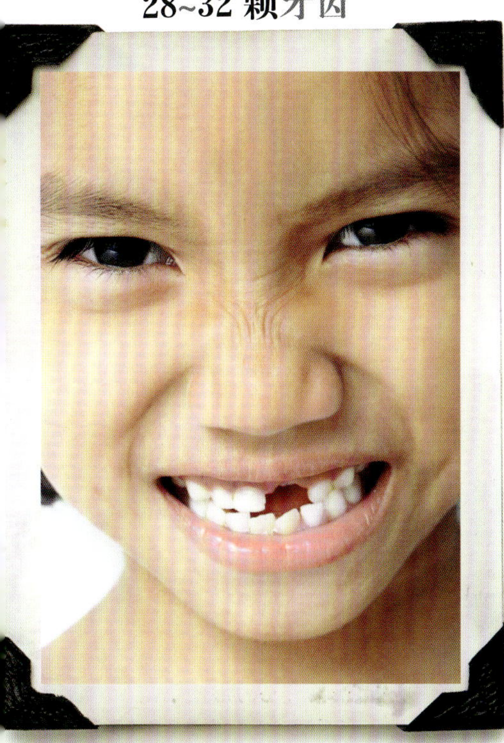

动物用牙齿来吃东西。不同的牙齿形状表明动物的食谱不同。食肉动物长有尖锐的犬齿，用来撕肉；而食草动物则长有顶端为平面、有各种隆起的臼齿，用来磨碎坚韧的植物。

人类在 3 岁左右长齐 20 颗乳牙，在 6 岁左右开始换牙，成年人有 28 ~ 32 颗牙齿。

一头雄性独角鲸有一颗犬齿，这颗犬齿可以长到 3 米长。当独角鲸浮出北冰洋的海面时，你就能看到这颗牙了。

1 颗牙齿

14 颗牙齿

一头雄性亚洲象最多能长 14 颗牙。两颗门齿是其中最大的，其余的牙齿长在嘴里，用来咀嚼坚韧的植物。

300 多颗牙齿

生活在马达加斯加岛上的**平尾虎**有 300 多颗牙齿，捕食昆虫等猎物。

与蝠鲼同游

双吻前口蝠鲼的翼展长达 9 米，它们是世界上最大的蝠鲼。这些性格温顺的庞然巨物在热带、亚热带及温带海域里游弋。它们非常聪明，拥有所有鱼类中最大的大脑，甚至能辨认出镜中的自己。

双吻前口蝠鲼因其鳃板可入药而长期遭到人类捕杀，而且它们巨大的身体使其很容易被渔网捕获。它们的数量在三代以内减少了 1/3，已成为濒危物种。

双吻前口蝠鲼每 2 ～ 3 年生育一个宝宝，寿命最长可达 40 年。

近年来，在环境保护学家称为蝠鲼经济学的助力下，生态旅游的理念改变了人们的态度。在秘鲁，渔民们意识到活着的蝠鲼比死的更有价值。他们不再捕杀蝠鲼，而是带游客出海去观赏蝠鲼，与蝠鲼同游。更令人欣慰的是，现在很多国家和地区都已立法禁止捕捞、售卖或食用稀有的双吻前口蝠鲼。

天生好奇
每只蝠鲼都有自己独特的性格，但它们都有强烈的好奇心，并且喜欢和潜水者一起游泳。

光秃秃的动物

我们喜欢长得**毛茸茸的哺乳动物**，大部分哺乳动物确实也是毛茸茸的。然而也有一些哺乳动物看上去**光秃秃**的，人类身体上的毛发就十分稀疏。一些**无毛**的**猫**、**狗**和**豚鼠**是受欢迎的宠物。

白秃猴

这种南美洲猴子的头毛稀少，面部呈鲜红色，这说明它们的身体健康。如果身体状态不好，它们脸上的红色就会变浅。白秃猴生活在亚马孙雨林的林冠层。

斯芬克斯猫

第一只斯芬克斯猫是普通的毛茸茸的猫偶然产下的后代，但现在斯芬克斯猫已成为人们专门培育繁殖的品种。它们身上其实有细软的毛，但没有胡须。

裸鼹形鼠
这种粉色的小型啮齿动物在东非的地下群居生活。它们的皮肤几乎无毛，耳朵很小，视力非常差。它们习惯了黑暗温暖的地道环境，寿命可达 30 年。

无毛豚鼠
最新流行的无毛宠物之一是无毛豚鼠。它们有多种颜色，只有鼻子和腿脚上有毛。

秘鲁无毛犬
这种无毛犬曾经只在秘鲁为人所知，现在它们已经成为在世界各地都很出名的宠物犬和赛级犬。有时幼犬里也会出现有毛犬。

哪种鸟的喙最长？

澳大利亚鹈鹕有着破纪录的长**喙**，其**长度**能达到 **50 厘米**。它们用喙**舀**起水和猎物，就像用大渔网打鱼一样。

这种水鸟用它们敏感的喙探查甲壳类、鱼类，甚至是海龟等猎物。鹈鹕用喙把猎物和水一同兜进可扩张的喉囊里，然后把水挤出，向后扬起头，把猎物整个吞下。

钩状上喙尖端和锯齿状的喙部边缘帮助鹈鹕抓住滑溜溜的鱼。

喉囊连接下喙，鹈鹕通过舀水来捕捉猎物。吞咽时，它们用舌头上的肌肉将水挤出。

鹈鹕的喙里能盛 13 升水。

边缘长有黑色羽毛的双翼展开长达 2.5 米，使鹈鹕成为最大的飞鸟。它们的体重能达到 6.8 千克。

知识快读

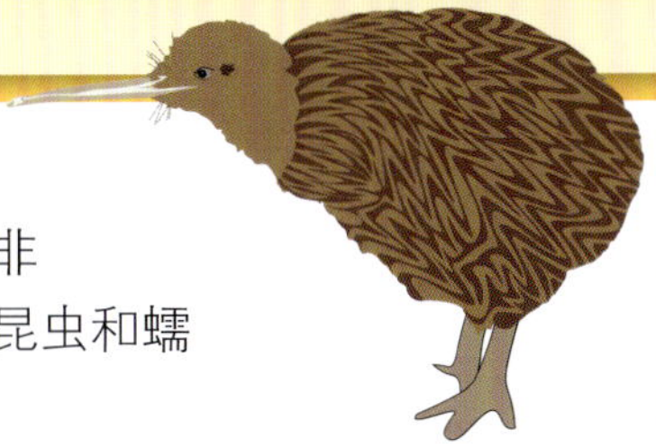

几维鸟是唯一一类鼻孔长在喙尖的鸟。几维鸟的嗅觉非常灵敏，它们能嗅出土壤中昆虫和蠕虫的味道。

北岛褐几维鸟

刀嘴蜂鸟有着相对于体长最长的喙。它们长达 10 厘米的喙比身体还长。

最长的牛角

一头名叫庞乔·维亚的**得克萨斯长角牛**拥有**世界上最长的牛角**。这是一头已绝育的公牛，生活在美国亚拉巴马州的一座农场里，它的两角宽度可达 **3.2 米**。

像这头牛一样**肌肉发达的身体**是这种牛的典型特征。人们饲养它们是为了吃牛肉。

大多数得克萨斯长角牛都长着向上弯曲生长的**角**，但庞乔·维亚是个奇怪的例外。牛、羊和羚羊的角是永久的，而鹿角会自然脱落。每年，鹿角都会更换。

知识快读

毛冠鹿有着最小的鹿角——长度只有 2.5 厘米，也就相当于一枚回形针的长度。

驼鹿有着世界上最重的鹿角——重达 36 千克，相当于 160 个儿童自行车头盔的重量。

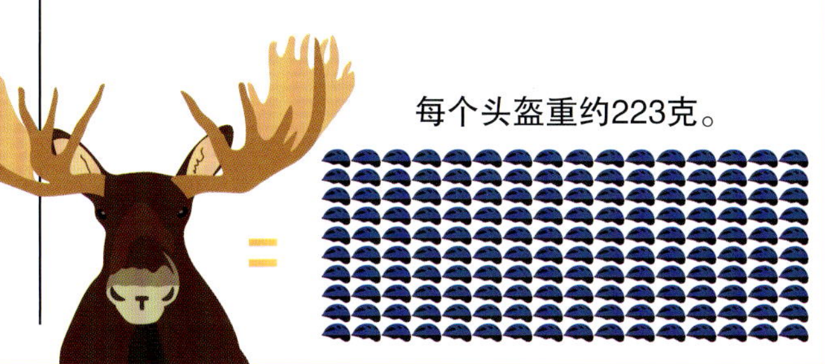

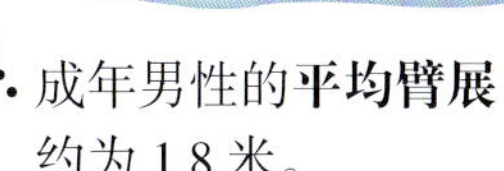

成年男性的**平均臂展**约为 1.8 米。

这种农场动物异常长的角纯粹是为了展示。长角的野生动物在争夺领地和配偶时，把角当作武器。

牛角是由骨质和角蛋白组成的。角蛋白也是毛发和指甲的组成成分。

庞乔·维亚的两角宽度几乎是一名成年男性臂展的两倍。

长角的爬行动物

生活在非洲沙漠的角蝰眼睛上竖起一对刺状角鳞。它们的作用是像盾甲一样保护这种蛇的眼睛不受风沙的困扰。

搭乘蜻蜓

从这张放大的高清照片中我们可以看到，这只蜻蜓的身上带了一些“乘客”。位于蜻蜓胸部的像葡萄一样的东西是感染的螨虫，螨虫为了搭顺风车附着在蜻蜓身上。螨虫最终会离开寄主，繁殖后代，这些后代会大量寄生于蜻蜓若虫，并吸食其体液。

食蚁兽的**嗅觉**比人类灵敏 40 倍，因此它们在很远的距离就能嗅到猎物的味道。

食蚁兽的舌头有 15 个冰激凌球叠起来那么长。

食蚁兽的**舌头**上长满尖利的小刺，还覆盖着黏黏的唾液，用来舔舐昆虫。

食蚁兽的嘴里没有牙齿，却有一条非常长的舌头，其长度能达到食蚁兽体长的 1/3，且肌肉发达。它们的舌头与胸骨相连，舔舐到蚁类后，肌肉收缩将舌头拉回嘴里。

尖利的爪子可以撕开蚂蚁和白蚁的巢穴，而不会将其毁掉，留待以后继续“光顾”。

哪种动物的舌头最长？

大食蚁兽有着所有**陆生动物**中**最长的舌头**。它们的舌头长达 **61 厘米**，**每分钟能伸缩 160 次**，它们**每**天能吃掉 **3 万只蚂蚁**或白蚁。

知识快读

棘刺枯叶侏儒避役舌头的长度与体长的比例是所有动物中最大的。这种避役舌头的加速度比跑车更快，只需 0.02 秒就能抓住猎物。

管唇花蜜蝠舌头的长度与体长的比例是所有哺乳动物中最大的。它们的舌头上有细小的毛，能从钟形花中采食花蜜。

体长的1.5倍

体长的2.5倍

不可思议身体的趣知识

拥有长爪子的动物

生活在南美洲的**大犰狳**有着**所有动物中最长的爪子**，它们用爪子**撕开白蚁丘**，寻找食物。它们**长长的爪子**还可以用来**防御美洲豹**的袭击。

双垂鹤鸵的爪子能抓伤猫和狗。

树懒的爪子帮助它们抓住树枝。

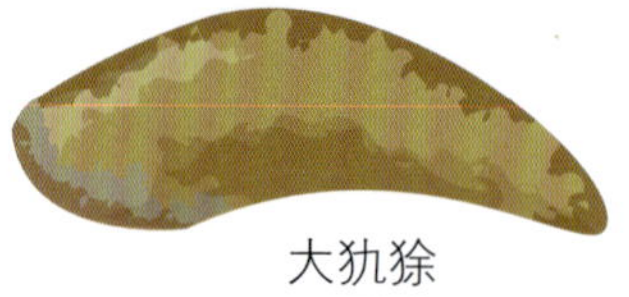
大犰狳
20厘米

大食蚁兽
18厘米

双垂鹤鸵
12.5厘米

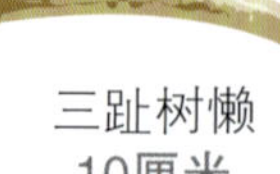
三趾树懒
10厘米

- **长颈鹿**是陆地上最高的哺乳动物。它们的**脖子**可达**2.5米长**，几乎是自身身高的一半，不过只由**7块颈椎骨**组成。

- **鸵鸟的脖子**可达**1米长**，大约是自身身高的一半。鸵鸟的**脖子**有**19块骨头**，能转180°。

- 与体长相比，**长颈象鼻虫**的“**脖子**”是所有**昆虫中最长的**。它们的体长只有**2厘米**，其中“脖子”就占了2/3。

惊人的鹿角

与身体大小相比，驯鹿角是鹿角中最大的。驯鹿角重达**16千克**，能长到**1.5米**长。驯鹿生活在北美洲、欧洲、亚洲和格陵兰岛。

1.5米

带刺的动物

◀**蓑鲉**

这种鱼能长到**47厘米**长。它们长达**9厘米**的**鳍棘**能刺伤猎物，并注入毒液。

▶**海胆**

海胆的身体直径最大只有**10厘米**，但它们的棘却有**20厘米**长。

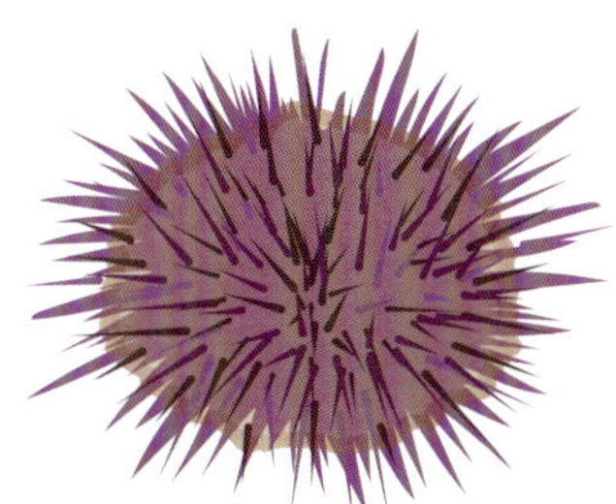

◀**豪猪**

有些豪猪体长有**90厘米**，而它们最长的棘刺能达到**51厘米**，超过了豪猪体长的一半。

超级多的足

蜈蚣最多有数百条足，其中足最多的当属长有**750条足**的Sibiriulus baigazanensis——在俄罗斯阿尔泰地区发现的新种蜈蚣。它们的体长为几毫米到**20厘米**。所有蜈蚣的**每个体节上都有一对足**。

在澳大利亚地下深处发现的一种名为澳大利亚千足虫的**马陆**有多达**330个体节，1306条足**。这是人类首次发现超过千足的马陆。所有马陆的每个体节上有两对足（最前和最后的体节不长腿）。不过在生长过程中，马陆的腿可能因意外受伤而掉落。

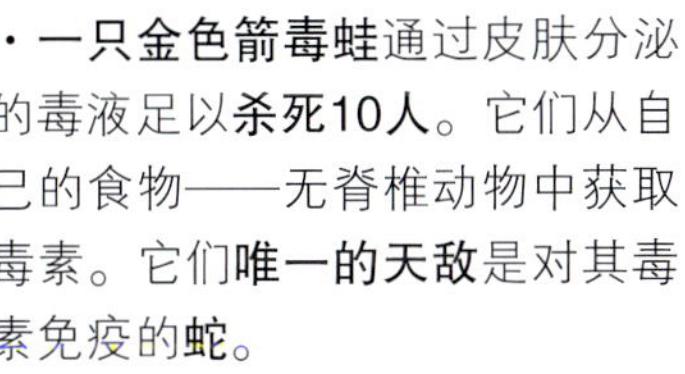

有毒的魔王

· **鸡心螺**释放的**毒液**可以麻痹鱼类。据估计，一只鸡心螺的毒液足以**杀死700人**。

· **被蓝环章鱼咬上一口**能使人受伤，甚至致死。蓝环章鱼的毒液比等量氰化物的毒性强1000倍，其唾液中的毒液能**杀死26人**。

· **一只金色箭毒蛙**通过皮肤分泌的毒液足以**杀死10人**。它们从自己的食物——无脊椎动物中获取毒素。它们**唯一的天敌**是对其毒素免疫的**蛇**。

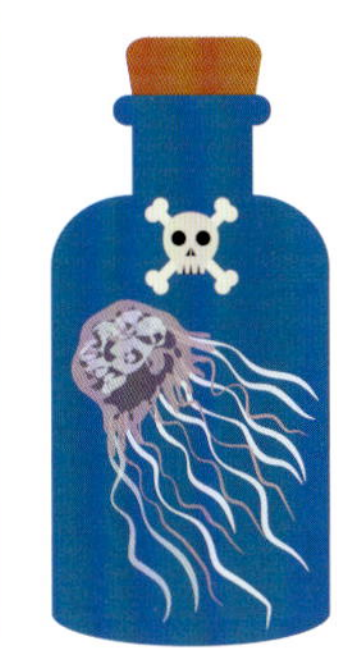

· **澳大利亚箱形水母**是海洋中的透明杀手。它们的**毒液**能对人类的心脏、神经系统和皮肤造成伤害。如果人类触碰到这种水母，就算没**死**，也会引起水疱。

超级大嘴

弓头鲸有着动物王国里**最大的嘴**。它们的嘴可达到**6米宽**，**是成年男性平均身高的3倍**以上。

力量和速度

从游泳高手到领地捍卫者，许多动物在力量和速度上都有惊人的表现，且远远超越了人类。让我们去发现这些分布在世界各地的动物，为它们在力量和速度上的出色表现而惊叹吧。

蜣螂证明非常小的动物也可以很强壮。雄性蜣螂能推动1141倍于自身体重的粪球。它们的身体只有3厘米长，但却长满了肌肉，使其能够举起惊人的重量。

哪种鸟飞得比飞机还高？

鸟类在长距离迁飞和寻找猎物时会飞得很高。被记录在案的**飞得最高的鸟**是一只**黑白兀鹫**，它在天空翱翔时所在的高度高于飞机的飞行高度。

飞机的飞行高度

10668 米

客机的**标准巡航高度**是 10668 米，但它们也可以飞得更高或更低。

黑白兀鹫能在比客机飞行高度还高 600 多米的高度飞行。

黑白兀鹫的**翼展**可达 2.4 米。它们只需要缓慢地扇动翅膀或凭借风力就可以在空中翱翔。

1973 年，一只黑白兀鹫在自己的家乡——非洲的上空与一架客机相撞。这样的撞击非常罕见，因为兀鹫通常在更低的高度飞行。这只鸟可能是在借助热气流滑翔时达到了这样的高度。

黑白兀鹫的最快飞行速度能达到 35 千米 / 时，一天最多能飞行 7 小时。

黑白兀鹫的飞行高度

11280 米

知识快读

有些鸟可以飞到不可思议的高度，令世界最高地标都无法比肩。

黑白兀鹫
11280 米

波音 737 客机
10668 米

灰鹤
10058 米

珠穆朗玛峰（世界第一峰）
8848.86 米

斑头雁
8534 米

跳伞平均高度
4000 米

哈利法塔
（世界最高建筑物）
828 米

护食姿势

黑白兀鹫是高空领主，找寻腐肉为食。为了保护自己的食物，兀鹫会摆出一种具有攻击性的姿势，即站直身体，抬起翅膀，居高临下。

生物的对抗

许多动物面临着**为生存而战**的挑战。就算在**同一物种**中，它们也会为争夺**配偶**、证明自己的**统治地位**或**抢夺领地**而**大打出手**。

河马

河马天生具有很强的攻击性，它们长着巨大的尖牙和可以张得非常大的颌部。这些非洲巨兽通过打斗来确立族群地位，输者常常会身负重伤。

红袋鼠

这些澳大利亚有袋类随时准备给出致命一击。雄性领导者为争夺潜在的配偶，用自己强壮的腿和尖利的爪子搏斗。

科莫多巨蜥

成年雄性爬行动物会在繁殖季相互打斗。在印度尼西亚的科莫多岛上，雄性科莫多巨蜥为争夺配偶而战，它们先是发出很大的嘶嘶声，然后扭打在一起。谁的力量压过了另一方，谁就能获胜。

苍鹭

为争夺领地而打起来的鸟儿打破了天空的平静。这两只苍鹭面对着面拍打翅膀，翎羽翻飞。这种分布在欧洲、亚洲和非洲的肉食性鸟类甚至会用自己的喙咬住对手的脖子。

长颈鹿

世界上最高的动物生来不适合战斗，但在非洲的稀树草原上，雄性长颈鹿首领会为争夺配偶而打斗。它们用腿猛踢，甩动脖子击打对手，使对手摔倒从而获胜。

完美捕获

水涯狡蛛将自己**固定在水边的植物上**，而后把自己的午餐拽出水面。像图上这种捕鱼蛛在世界各地的淡水水域都有分布。它们从水中捕猎，有些还能举起比自己大很多倍的猎物。这种带条纹的蜘蛛最早发现于欧洲，它们用漂浮植物作为“筏子”，站在上面捕鱼。它们还会游泳、潜水，甚至在水上奔跑。

哪种动物是求生专家？

沙漠狐狸和**极地企鹅**等一些动物生活在**极端**环境中。它们有着**适应**炎热和严寒的**惊人**方法。

56℃

生活在撒哈拉沙漠中的聊狐长着大大的耳朵，帮助散热，使身体保持凉爽。在酷热的白天，它们大部分时间都躲在地下，等到夜晚才出来捕猎。

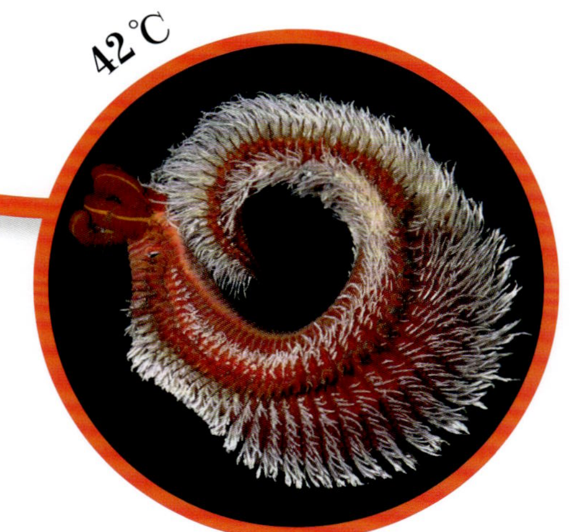

42℃

庞贝蠕虫只有大约5厘米长，生活在炽热的海底火山口。它们群居生活，身上“武装”着隔温的“毯子”来抵御高温。

大部分人类生活在4.44~35℃的温度范围内。

−1℃

北美林蛙是一种惊人的两栖动物。它们能产生一些化学物质，让自己在阿拉斯加寒冷的冬天将全身冻住进入休眠并存活下来。在夏天解冻以前，它们的心跳和呼吸都是停止的。

动物会以不同的方式来应对**不同的极端环境**。沙漠动物常常生活在地下，在夜间活动，以躲避白天高温的炙烤。而生活在寒冷环境中的动物可能有脂肪丰富、毛茸茸的身体，或者演化出防止自身血液被冻住的特殊的适应能力。

−40℃

生活在南极洲的帝企鹅依靠羽毛和脂肪来抵御极低的温度和风速高达145千米/时的狂风。

−2℃

冰鱼生活在冰冷的南大洋中，它们自身能产生一种天然的防冻物质，防止血液中产生冰晶。

−20℃
−40℃
−60℃
−80℃
−100℃
−273.15℃（绝对零度）

水熊虫能在其他生物无法忍受的极高温和极低温的环境中存活下来。

−273℃

水熊虫的身体只有大约1毫米长，但它们却能适应地球上大部分极端环境。它们既能在温度高达148℃的热水或冰雪中存活下来，又能在没有水的情况下存活10年。

−101℃

小小的红扁甲通过故意脱水，而后在体内产生防冻物质的方式，在北美洲极地地区刺骨的严寒中存活下来。

哪种动物游得**最快？**

与身体呈流线型的鲨鱼和其他游得很快的鱼相比，**奥运会游泳运动员**似乎游得也没那么快。没有动物能比**旗鱼**游得更快，旗鱼的最快速度能达到**109 千米 / 时**。

虎鲸
56 千米 / 时

许多海洋生物的游速都能轻松超过游得最快的人类。如果让所有海洋生物与人类一起在奥运会标准泳池里进行 50 米游泳比赛，我们最快的运动员会被远远地甩在后面。

这些泳姿优雅的企鹅在水中穿行，它们的速度大约是其他种类企鹅的 3 倍。

巴布亚企鹅
36 千米 / 时

这些仿佛拥有涡轮增压系统的海龟是世界上移动速度最快的爬行动物，拥有极强的耐力，最长能连续游 5 小时。

棱皮龟
35 千米 / 时

美国游泳运动员卡勒布 · 德雷斯尔在 2020 年以 20 秒 16 的成绩创造 50 米自由泳新纪录。

人类
9 千米 / 时

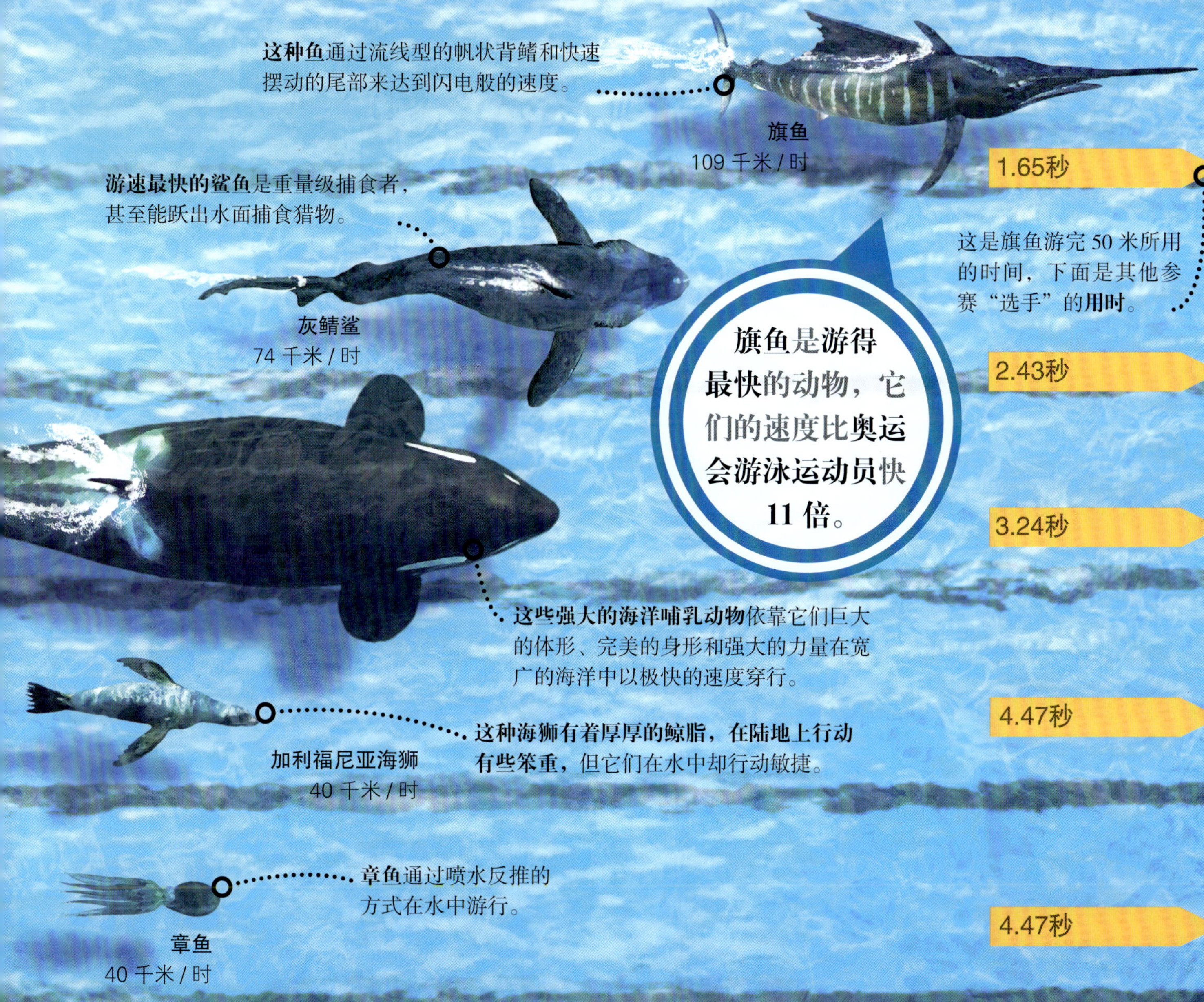

这种鱼通过流线型的帆状背鳍和快速摆动的尾部来达到闪电般的速度。

旗鱼
109 千米 / 时

1.65秒

这是旗鱼游完 50 米所用的时间，下面是其他参赛“选手”的**用时**。

游速最快的鲨鱼是重量级捕食者，甚至能跃出水面捕食猎物。

灰鲭鲨
74 千米 / 时

2.43秒

旗鱼是游得最快的动物，它们的速度比奥运会游泳运动员快 11 倍。

3.24秒

这些强大的海洋哺乳动物依靠它们巨大的体形、完美的身形和强大的力量在宽广的海洋中以极快的速度穿行。

加利福尼亚海狮
40 千米 / 时

这种海狮有着厚厚的鲸脂，在陆地上行动有些笨重，但它们在水中却行动敏捷。

4.47秒

章鱼通过喷水反推的方式在水中游行。

章鱼
40 千米 / 时

4.47秒

漂在水上的猫科动物

与大部分猫科动物不同，老虎不但擅长游泳，并且非常喜欢水。它们带半蹼的脚掌和不可思议的力量使它们能在水中捕猎时游 6000 多米远。它们还喜欢在炎热的天气里戏水，让自己凉快凉快。

5.00秒

5.10秒

20.16秒

哪种动物是 **最佳猎手？**

地球上**最成功的捕食者**在天上。**蜻蜓**是世界**最佳猎手**，它们的捕猎成功率是**狮子的 3 倍多**。

动物有着不同的捕猎技巧，成功率各不相同。这 3 种顶级陆地和空中猎手可能会使你非常惊讶：非洲野犬以团队作战，猎豹以极快的追击速度捕获猎物，蜻蜓则依靠极快的反应速度和大大的眼睛赢得了冠军。

母狮组队捕猎，伏击草原上的猎物，但它们成功的机会只有 30%。

非洲野犬拥有非常高超的捕猎技巧，是第二成功的猎手。大约 20 只非洲野犬会组成一个团队，一起拿下角马等大型动物，成功率约为 67%。

知识快读

鼠海豚是非常成功的水下猎手，它们捕食鱼类的成功率大约为90%。

金雕是杰出的猎手，但从空中捕捉猎物是很困难的，只有20%的成功率。

科莫多巨蜥是非常有耐心的猎手。猎物只要被这种3米长的蜥蜴咬上一口就会中毒，但几天以后才会死亡，然后科莫多巨蜥就会循着猎物尸体的味道找到并吃掉它们。

蜻蜓飞得很快，能以54千米/时的速度逼近猎物。

猎豹在白天捕猎，利用敏锐的视觉、具有伪装性的皮毛和超常的速度来捕食羚羊和斑马等食草动物。

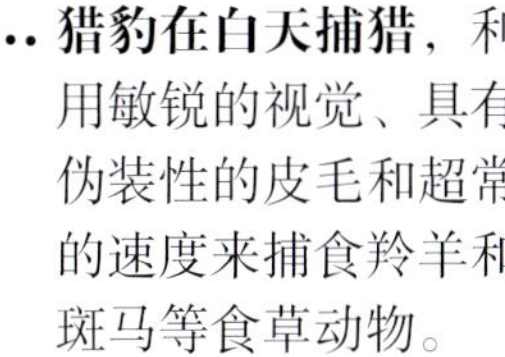

蜻蜓是终极猎手。这种昆虫长着大眼睛和发达的翅膀，并且拥有超快的反应能力，使其在捕食蚊子时几乎能百发百中。

蜻蜓是顶级捕食者，捕获猎物的成功率能达到95%。

猎豹是世界上跑得最快的陆生动物，速度可达93千米/时。尽管它们的速度很快，但它们只能排第三，因为它们捕获猎物的成功率只有大约50%。

在捕猎
一只毛里求斯隼正在空中盘旋，同时凭借敏锐的视力寻找地面上的猎物。

翱翔的隼

毛里求斯隼分布在印度洋上的毛里求斯岛。它们的身体完全适应了雨林环境，短而圆的双翼使它们能在茂密的树木间平稳飞行。隼凭借在空中的敏捷身手进行短距离冲刺，捕食壁虎、昆虫和体形小于自身的其他鸟类。

从仅存 4 只到现在估计已有 400 只，毛里求斯隼在毛里求斯上空自由地飞翔。

然而，毛里求斯隼曾是世界上数量最稀少的鸟类。因为森林砍伐和农业耕种使用的杀虫剂等原因，野生毛里求斯隼在 1974 年仅剩 4 只。这种美丽的猛禽濒临灭绝。

环境保护组织立刻采取行动，对仅存的毛里求斯隼进行圈养、繁育，随后放生。1988−1991 年，游隼基金会将 46 只人工繁育的毛里求斯隼放归野外。

在此期间，人们还采取其他措施来帮助毛里求斯隼，包括放置巢箱，辅助喂养，以及控制外来天敌数量。这些举措使它们的数量回升至数百只，如今野外有大约 100 对处于繁育期的毛里求斯隼。

蚂蚁有多强壮？

相对于**蚂蚁**的大小来说，它们的力量简直大得不可思议。**最强壮**的蚂蚁最多可以举起 **5000 倍**于自身体重的物体，比其他动物更有力气。

蚂蚁强壮的上颚能紧紧咬住蜜蜂的触角。

超级举重选手

阿勒格尼土墩蚂蚁可能是世界上最强壮的蚂蚁。在测试环境中，蚂蚁强壮的身体能承担5000 倍于自身体重的物体。

蜜蜂等昆虫是黄猄蚁的猎物，无论活的、死的，这种蚂蚁都吃。

黄猄蚁能移动比自己重 175 倍的蜜蜂。

这只黄猄蚁站在印度尼西亚的一根树枝上，正将一只死掉的蜜蜂弄回巢里。这些 8 毫米长的蚂蚁通常以小型昆虫和一些昆虫产生的甜蜜液体——蜜为食。

知识快读

一头大象仅用象鼻就能举起 300 千克的物体。大象非常强壮，能轻松举起原木。

1924 年，两匹夏尔马拉动了大约 45700 千克的重物，这个重量相当于 9 头大象的重量总和！

强盗

在美国圣胡安岛国家公园的大草原上，一只年轻的狐狸因为与白头海雕争夺兔子而被带到了半空中。狐狸刚刚抓到一只兔子，叼进嘴里，白头海雕就俯冲下来抢夺兔子。执着的狐狸因为不想放弃猎物而被带到半空中，而后不得不松口，白头海雕就带着抢来的猎物飞走了。白头海雕属于鹰科，鹰科动物经常抢夺其他捕食者的猎物。

哪种动物的速度**最慢**？

有些物种过着**缓慢又四平八稳**的生活，从来不争第一。蛞蝓是被记录在案的**行动最慢**的陆生动物，它们**每分钟**只能慢腾腾地前进 **10 厘米**。

香蕉蛞蝓的速度是加拉帕戈斯象龟的1/45。

加拉帕戈斯象龟是最慢的爬行动物，每分钟只能前进 4.5 米。大而笨重的龟壳阻碍了它们前行。

蜗牛运动会

世界蜗牛赛跑锦标赛每年在英国诺福克郡举办，有 200 只蜗牛慢吞吞地参赛。第一只到达红色外圈的蜗牛将赢得一啤酒杯的生菜！

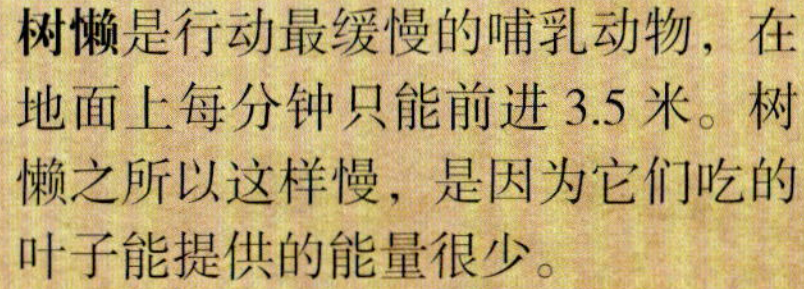

树懒是行动最缓慢的哺乳动物，在地面上每分钟只能前进 3.5 米。树懒之所以这样慢，是因为它们吃的叶子能提供的能量很少。

香蕉蛞蝓等蛞蝓是最慢的陆生动物，每分钟只能前进 10 厘米。但一些用显微镜才能看到的生物，比如水熊虫，甚至可能比蛞蝓更慢！

0.006 千米／时

0.21 千米／时

0.05 千米／时

散大蜗牛每分钟只能前进 83 厘米，这是因为它们只有一只黏糊糊的脚——腹足。

0.27 千米／时

知识快读

有些陆生动物行动缓慢，但其实海洋才是慢吞吞的动物的家，有些海洋动物甚至看起来一动不动！

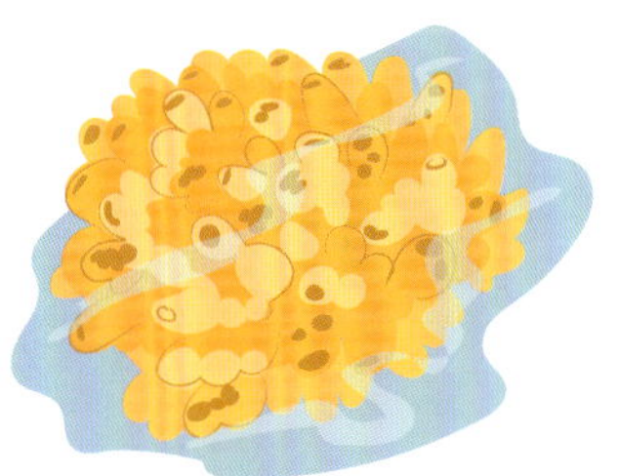

海绵是行动最缓慢的动物，每天只能移动 1 毫米。

海星有上百只微小的管足，每分钟只能移动 0.3 米。

豆丁海马是行动最慢的鱼，每小时只能游 1.5 米。

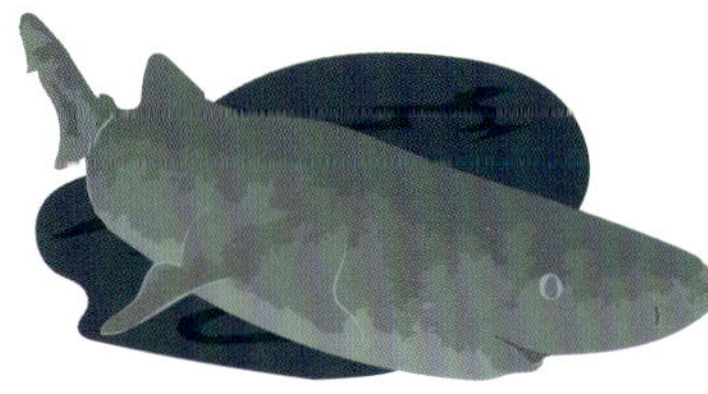

格陵兰睡鲨每小时只能移动 1.2 千米。

动物行动缓慢的原因各不相同。陆龟等笨重的动物因其体形和体重而行动缓慢；蜗牛等动物没有关节，从而行动受到限制；树懒等动物行动缓慢的原因在于它们没有足够的能量，很快就会感觉疲劳。

力量和速度的趣知识

比雨燕还快

雨燕飞得极快，速度能达到 **112 千米 / 时**。不过如果进行一场比赛，**巴西犬吻蝠**将以 **160 千米 / 时**的速度领先于雨燕。

雨燕

巴西犬吻蝠

超级快速

地球上**行动最快的动物**能以**闪电般的速度**从天空俯冲下来，或者在陆地上奔跑。如此之快的速度通常是为了追捕猎物或逃跑。

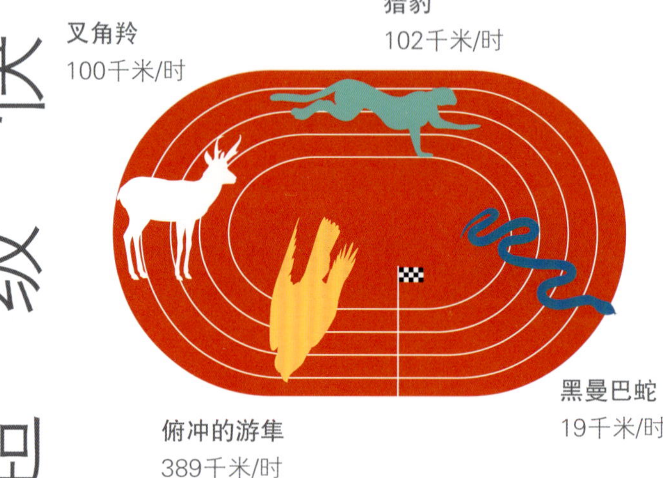

最佳憋气选手

通过憋气，有些动物能长时间**待在水下**。**柯维氏喙鲸**是**憋气**时间最长的**哺乳动物**。

海豚挤压呼吸孔使其闭合，可以憋气 **15 分钟**。

帝企鹅潜到水下寻找鱼类，能坚持 **27 分钟**不呼吸。

树懒是令人惊讶的游泳健将，能憋气 **40 分钟**。

抹香鲸能坚持憋气 **1 小时 30 分钟**。

美洲短吻鳄最长能在水下待 **2 小时**，而不用浮出水面换气。

象海豹能憋气 **2 小时**，下潜到水下 1500 米的深度。

柯维氏喙鲸深潜时能憋气 **2 小时 18 分钟**。

飞得最快的昆虫

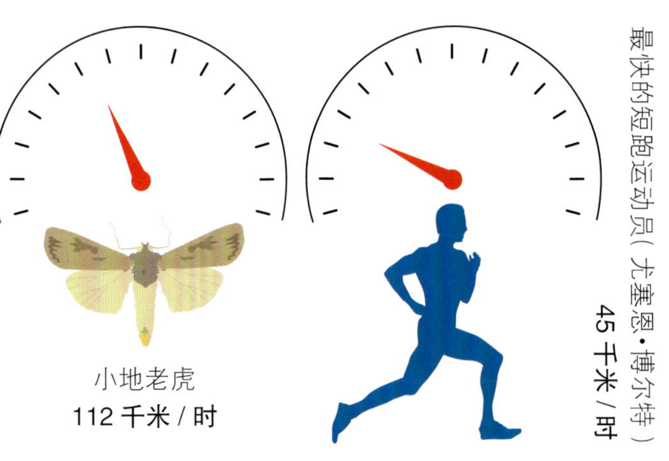

小地老虎
112 千米 / 时

冷酷的杀手

蜘蛛以昆虫为食，**体形虽然很小，**但它们杀死的猎物比其他任何动物都多。全世界的蜘蛛每年要**吃掉 8 亿吨**的昆虫。

最远的迁徙

有许多动物会为了**过冬**、**觅食**或**繁殖**而迁徙，以下这 3 种动物迁徙的距离最远。

- **北美驯鹿**每年迁徙 4404 千米，以寻找气候更温暖的地方过冬。
- **北象海豹**每年迁徙 21000 千米，以寻找食物。
- **北极燕鸥**是所有动物中迁徙距离最长的，每年迁徙 71000 千米。

北美驯鹿　北象海豹　北极燕鸥

发出电击的猎手

这些**狡猾的猎手**用高压电击来**寻找**、**电晕**或**杀死**猎物。其中许多种电鱼能发出电压达到 220 伏的电击。

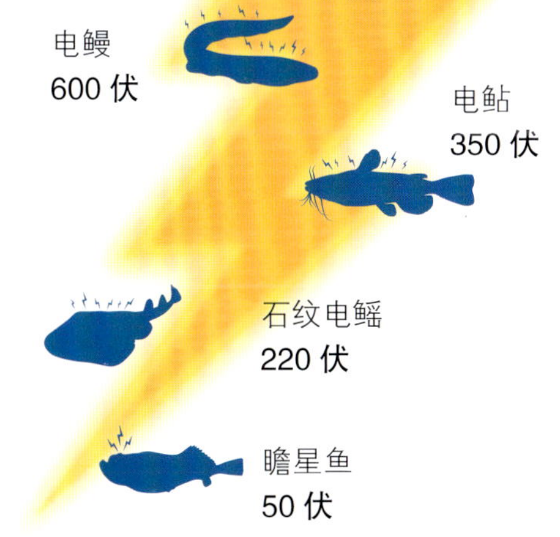

最长的尾巴

▲ 南草蜥

这种细长的蜥蜴有着所有爬行动物中与**体长**相比**最长的尾巴**。它们的身体最长能达到**30厘米**，而尾巴能达到**18厘米**。

▼ 长耳跳鼠

这种小小的啮齿动物的体长（不含尾巴长度）最多仅有**9厘米**，但它们尾巴的长度**几乎是体长的两倍**，最长可达**16厘米**。

▲ 红袋鼠

雄性红袋鼠的身体不算上尾巴能长到**1.6米**长，而它们**尾巴的长度**能达到**1.2米**。

家和藏身之处

许多动物都需要一个安全的地方来掩护自己、睡觉和养育后代。在物种繁多的动物世界，理想的家可以是一个洞穴、一片栖息地、一个巢，甚至可以是其他动物弃用的外壳。

寄居蟹不长外壳，于是需要其他动物弃用的空壳来保护自己长而柔软的身体。随着寄居蟹的生长，它们需要换更大的壳才能容纳自己的身体。有时，它们会为了争夺螺壳而打起来。

蚁巢有多大？

巴西**切叶蚁**建造的蚁巢是目前发现的**最大的昆虫巢**。这个庞大的**地下**居所有 **8 米**深，占地面积达到 **45 平方米**。

隧道网络由蚁巢的主道和旁道组成，连接地下更深处的巢室。

这个蚁巢曾经是数百万切叶蚁的家，2010 年昆虫学家在巴西发现了它并对它进行研究。他们用 10 吨水泥浇筑蚁巢，待其变硬后将其挖出，这个规模如此之大的蚂蚁王国才展现在我们眼前。

蚁巢边缘的**废物巢室**被用来储存废物，包括霉菌、蚂蚁尸体和有害寄生虫。

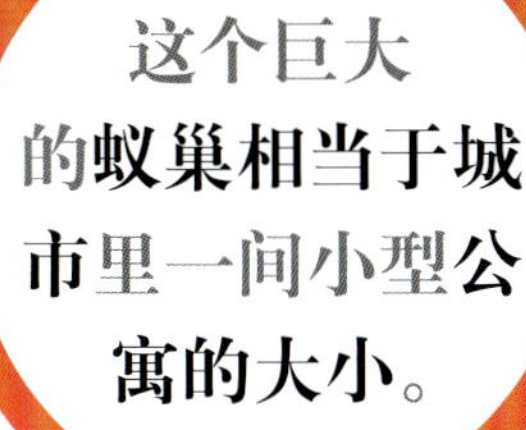

这个巨大的蚁巢相当于城市里一间小型公寓的大小。

强壮的虫子

切叶蚁非常强壮，能举起 50 倍于自身体重的重量。这个活跃又强壮的物种以真菌为食，非常努力地工作，收集叶子并将其带回蚁巢，真菌在这些叶子上生长。

昆虫学家研究昆虫及其习性，从而了解昆虫在自然界所扮演的角色。

有真菌苗圃的巢室分散在蚁巢中。蚁后在这些巢室里产卵，这样幼虫孵化后就可以享用真菌了。

蚁后负责为蚁巢选址、产卵，并统治数百万只工蚁。它们通常生活在最大的真菌苗圃巢室里，体形比工蚁大。

6700 米

喜马拉雅跳蛛生存的海拔比其他所有动物都高。在那些世界级高山上能发现它们的踪影，包括世界最高峰珠穆朗玛峰。这种蜘蛛以被风从低一些的山坡吹上来的昆虫为食。

勇猛的喜马拉雅跳蛛被发现生活在海拔 6700 米的地方。

6400 米

羽毛锃亮的黄嘴山鸦是鸦科的成员之一。这种鸟能乘着高山上的风轻松飞翔，常常在洞穴深处或岩石缝隙中筑巢。

7000 米

6300 米

弹尾虫是微小的无翅昆虫，几乎能在所有环境中全年保持活跃。在喜马拉雅山上发现的一些弹尾虫被称为“雪蚤”。

6000 米

6000 米

山地是具有挑战性的栖息地，气候非常寒冷，地势崎岖多冰，食物稀缺。然而，生活在这些地方的动物有很强的生存能力，它们大多拥有厚厚的皮毛、防滑的足、能应对低氧环境的身体系统。

牦牛可谓是为高海拔而生的动物，它们有厚密而蓬松的皮毛。它们还有分叉呈八字形的蹄子，适应在雪中行走。此外，它们的心脏和肺大得出奇，帮助它们吸入更多的氧气。

很少有植物和动物能在海拔 5000 米以上的地区存活。

5000 米

5100 米

世界上海拔最高的永久性定居点是秘鲁安第斯山上的拉林科纳达。在这个因金矿而产生的小镇里，有超过 5 万人已经适应了这里稀薄的空气。

4000 米

沙蜥比其他所有爬行动物都更能适应高海拔环境。它们在白天活动，夜晚躲在石头下面和岩石缝隙中。

4500 米

哪种动物**生活**的地区海拔**最高**？

生活在**高海拔地区**的动物种类有很多，**喜马拉雅跳蛛**所在海拔是其中最高的。**高海拔生活**会给动物带来很多挑战，包括极低的气温、猛烈的风及**有限的氧气**。

只有鸟类筑巢吗？

鸟类在**筑巢**方面可谓称霸动物界，但其他许多动物也会在**树上**或**地面**筑巢。

黄猄蚁群用幼虫吐出的丝将叶子编织在一起筑巢。它们通过团队合作，在树上筑成足球大小的巢。

一个巢里能容纳超过50万只黄猄蚁。

鸟巢为鸟类养育后代**提供安全的庇护所**。有些哺乳动物、爬行动物和昆虫也会构筑这类结构，用来照顾幼崽和卵以繁衍种群，或者作为睡觉的地方。

树枝上的雏鸟

白玄鸥是一种与众不同的鸟类，雌性不筑巢，而是将卵直接产在树枝上。卵孵化后，雏鸟会用自己非常强壮的爪子抓紧树枝，在树枝上站稳。

黑猩猩每天晚上在树上搭一个新巢，让自己睡个好觉。它们把树枝相互穿插，铺在树冠上，防止自己掉下去。它们还会在里面铺上层层叶子当作枕头。

雌性短吻鳄怀孕后就开始为孵卵做准备。它们会用植物筑起一个高达1米的巨大的巢，将卵产在里面，等待卵孵化。

雌性陶工蜂用泥土和水建造独特的罐形巢。巢一旦筑成，它们就会在其中填满活的昆虫，供幼虫食用。

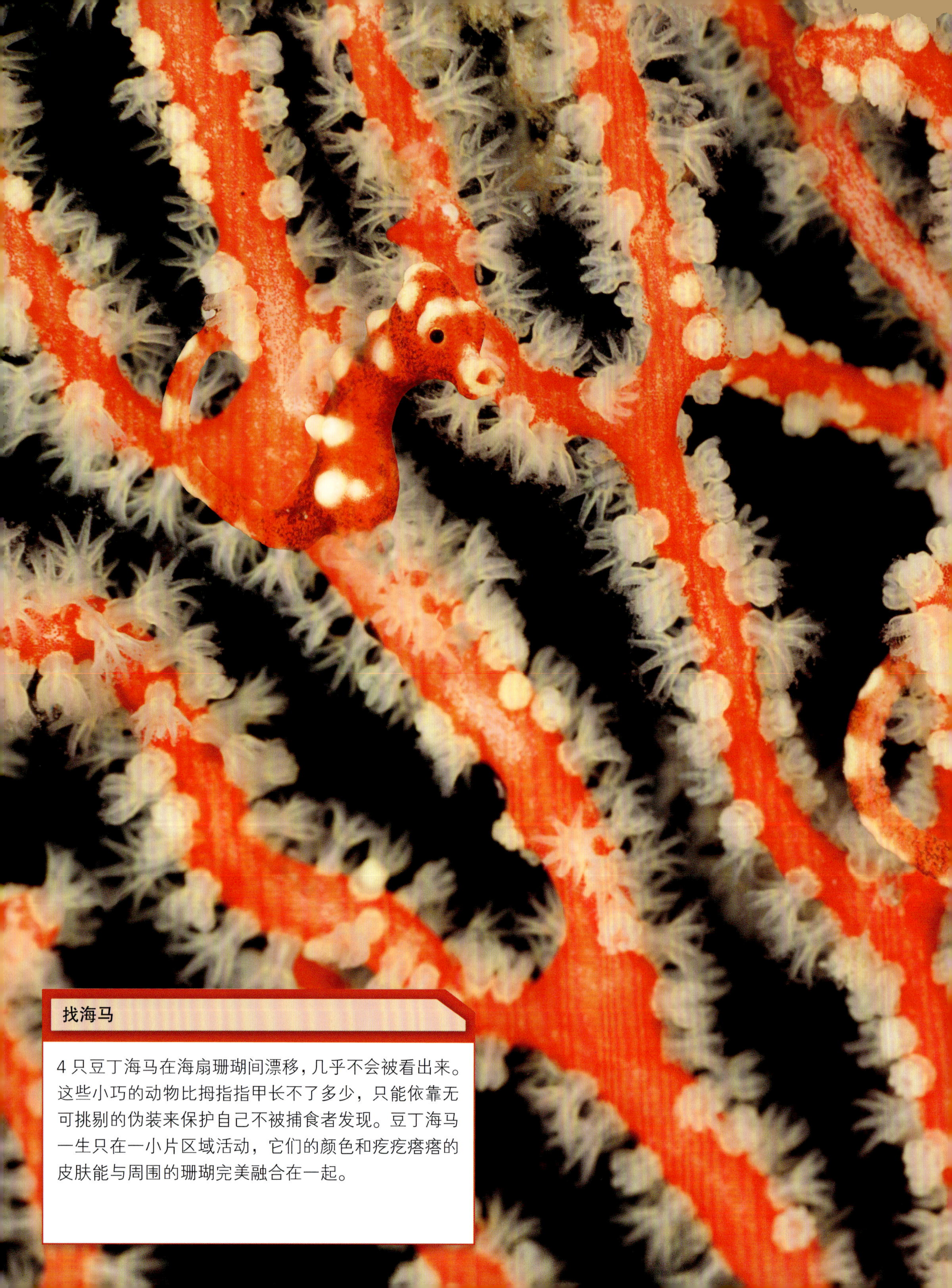

找海马

4只豆丁海马在海扇珊瑚间漂移，几乎不会被看出来。这些小巧的动物比拇指指甲长不了多少，只能依靠无可挑剔的伪装来保护自己不被捕食者发现。豆丁海马一生只在一小片区域活动，它们的颜色和疙疙瘩瘩的皮肤能与周围的珊瑚完美融合在一起。

独特的花纹形似古代印章的图样。

它们用**大大的磨盘状腹部**堵住洞口，以防御捕食者。

哪种**蜘蛛**能堵住自己的洞？

里氏盘腹蛛不用网作为陷阱捕猎，这种聪明的蜘蛛能**挖地洞捕猎**，遇到危险时还能用自己**演化出来的特别的腹部**堵住洞口。

蜘蛛8条又短又粗壮的步足上覆盖着毛，能感知附近动物活动产生的振动。

地面之上

虽然这张照片上的里氏盘腹蛛是在露天环境中，但它们大部分时间都待在洞里。盘腹蛛属的拉丁学名"Cyclocosmia"来源于希腊单词"kyklos"（意为圆形）以及"kosmeo"（意为装饰）。

当危险临近时，里氏盘腹蛛会用身体堵住洞口。

知识快读

如果鼩鼱等捕食者靠近**里氏盘腹蛛的地洞**，这种2.5厘米长的蜘蛛会快速冲进洞里，用腹部堵住洞口。

鼩鼱靠近。

蜘蛛躲进洞里。

里氏盘腹蛛属于盘腹蛛属。盘腹蛛属蜘蛛能以两种方式巧用地洞：一是它们藏在洞里，出其不意地抓住上方经过的猎物；二是遇到捕食者威胁时，它们可以利用腹部后端平截像井盖一样堵住洞口，使地洞成为安全的封闭空间。

野生大熊猫

大熊猫主要栖息在中国四川、陕西和甘肃的山区，20 世纪 80 年代曾濒临灭绝。当时，野生大熊猫仅存 1114 只。导致它们数量锐减的直接原因是大规模的森林砍伐，使它们赖以生存的茂密森林遭到破坏。

大熊猫曾被列入濒危物种。它们的体重能达到 125 千克，体长达到 1.5 米。虽然它们很会爬树和游泳，但它们几乎把所有时间都用来吃竹子，这种坚韧难嚼的禾草科植物是它们最主要的食物。

自 1999 年以来，在美国、泰国、西班牙、墨西哥、奥地利和日本的动物园里诞生并饲养了 42 只大熊猫幼崽。

1981 年，中国政府开始与世界自然基金会合作，以促进大熊猫数量的增长。采取的措施有保护森林，建立大面积的大熊猫保护基地，指导当地人在不耗尽竹子资源的前提下采割竹子。项目成果显著，截至 2023 年，野生大熊猫的数量增长至近 1900 只。虽然任重而道远，但相关人员表示会继续努力，让这种美丽的生灵在地球上生存下去。

安全的区域
在中国四川卧龙国家级自然保护区，这只健康的大熊猫幼崽及其同伴受到保护。

绿海龟得名于其壳下的绿色脂肪，绿色来源于它们食用的海洋植物。

礁石沿海岸线断续绵延约 2300 千米。

大堡礁只有 7% 是由珊瑚组成的，其余是海草、红树、沙子和距离海岸超过 250 千米的海洋。它也是许多海洋生命的家，其中包括超过 1500 种鱼类。

最大的有机体是什么？

澳大利亚**大堡礁**是由珊瑚虫创造的自然奇迹，是由**生物构成**的**最大结构体**。大堡礁的分布面积为 **34.44 万平方千米**，大到**从太空中都能看见**。

礁石成为澳大利亚海岸线和珊瑚海的天然屏障。

珊瑚白化

全球气候变暖导致大堡礁所在的海水温度升高。结果是生活在珊瑚体内的共生虫黄藻减少，导致珊瑚变白，这一现象被称为珊瑚白化。因为虫黄藻通过光合作用向珊瑚提供能量，虫黄藻减少后，珊瑚也会因失去营养供应而死。

大砗磲重达225千克，能活大约100年。它们的身体结构中生活着数十亿虫黄藻，这些藻类会为它们提供一部分食物。

丝蝴蝶鱼成双成对地在礁石周围游动，以硬珊瑚、软珊瑚、蠕虫及海绵为食。

深海生物

黑暗的深海非常**冰冷**，**水压**巨大，并且食物稀少。生活在那里的动物**演化出独特**的**生存**方式。

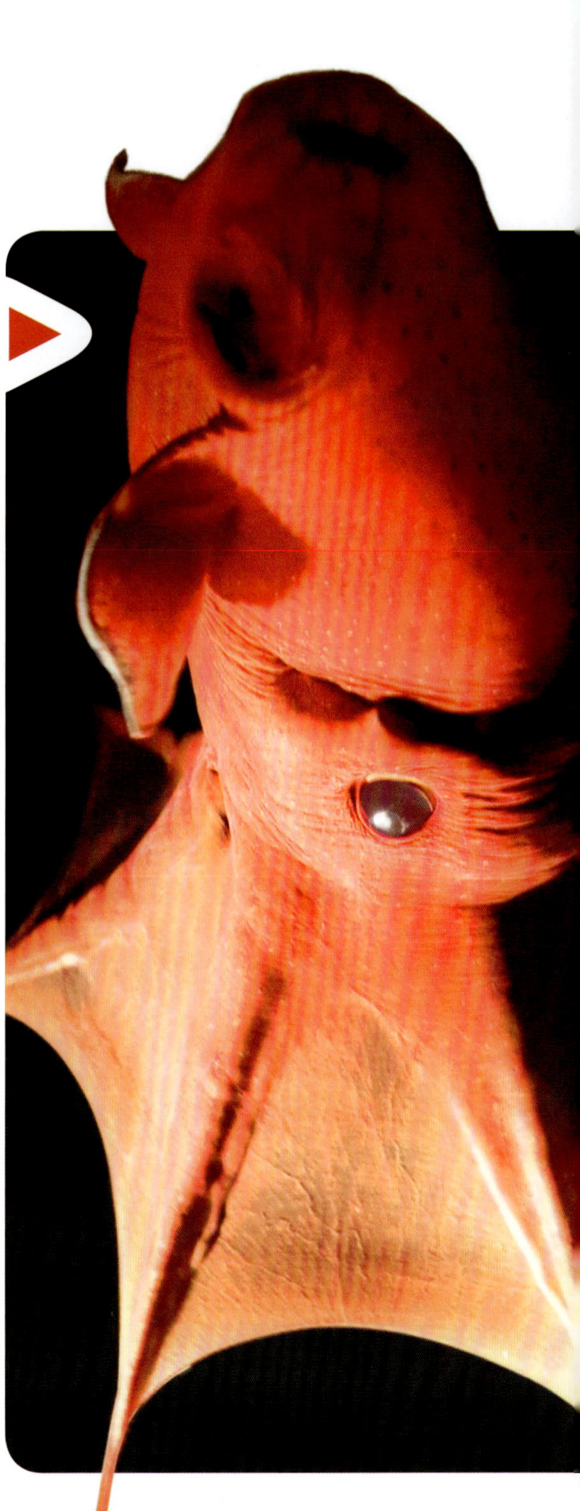

幽灵蛸

这种 28 厘米长的头足动物生活在水下 3000 米，那里氧气稀少。它们通过漂流来保存体力。幽灵蛸蹼状的腕足张开时能形成“保护伞”。

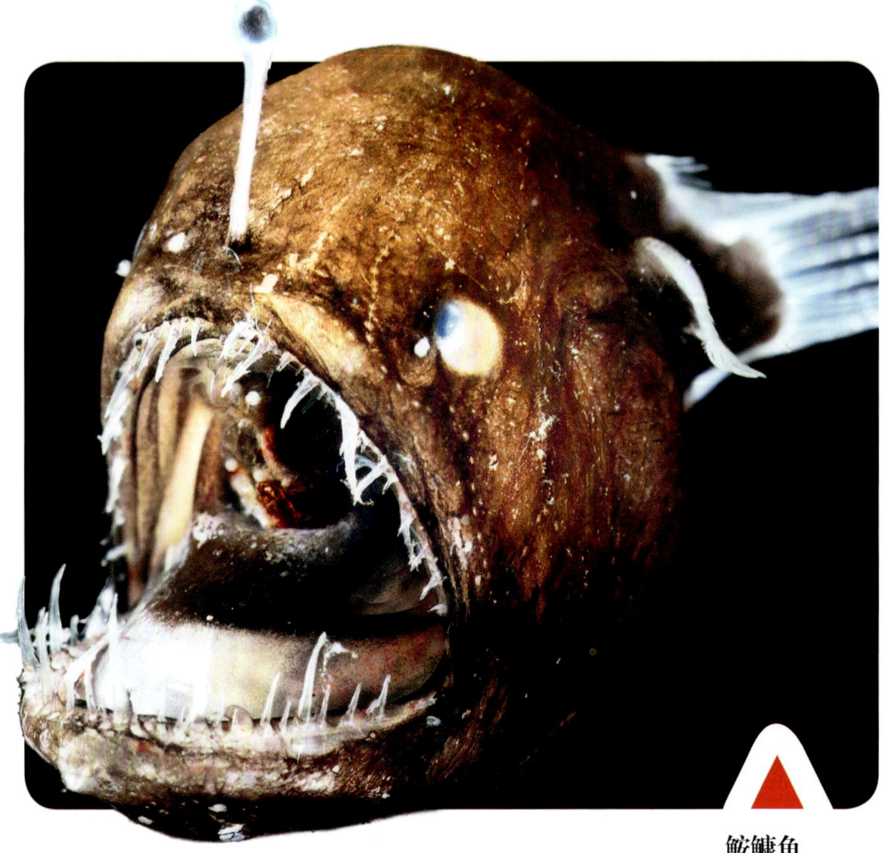

鮟鱇鱼

雌性鮟鱇鱼巨嘴的上方长有一根能发光的由背鳍特化而来的棘条，就像在幽暗的大西洋和南极深海点起了小灯。光能吸引猎物前来。

欧氏剑吻鲨

欧氏剑吻鲨生活在大西洋、太平洋和印度洋的深海中，体长能达到 4 米。捕食时，它们用敏感的吻部寻找鱼类，然后颌部向前伸，张大嘴巴，用产生的负压吸入猎物。

囊鳃鳗

在食物稀少的 1800 米深的水下，囊鳃鳗演化成能抓捕大型猎物的样子。它们的体长能达到 2 米，有着超大的颌部和伸缩性非常大的胃部，能吞下与自己一样大的猎物。

烟灰蛸

这种小小的章鱼又叫小飞象章鱼，得名于卡通片《小飞象》，因为它们的鳍长得很像大象的耳朵。这种体长 20 厘米的章鱼用双鳍在 6000 米深的海水中游动。

神秘的网

这个精致的结构实际上是一张网，外圈的“栅栏”保护中间的丝锥。2013年，一名学生在厄瓜多尔首次发现这种网，看到一只小小的橙色幼蛛从锥形结构中孵化出来。科学家正致力于辨别是哪种蜘蛛织出了这种不同寻常的网。

巨兽们演化出适合它们生活环境的脚。大象的脚有脂肪垫，能将自身重量分散到更大的面积上。北极熊的脚掌大且多毛，行走在北极地区的冰面上，保暖又防滑。

哪种动物的**脚最大？**

非洲草原象是陆地上**最重的动物**，同时也是世界上**脚最大**的动物。它们的体重为 3~6 吨，而这些巨大的脚掌**支撑起沉重**的身体。

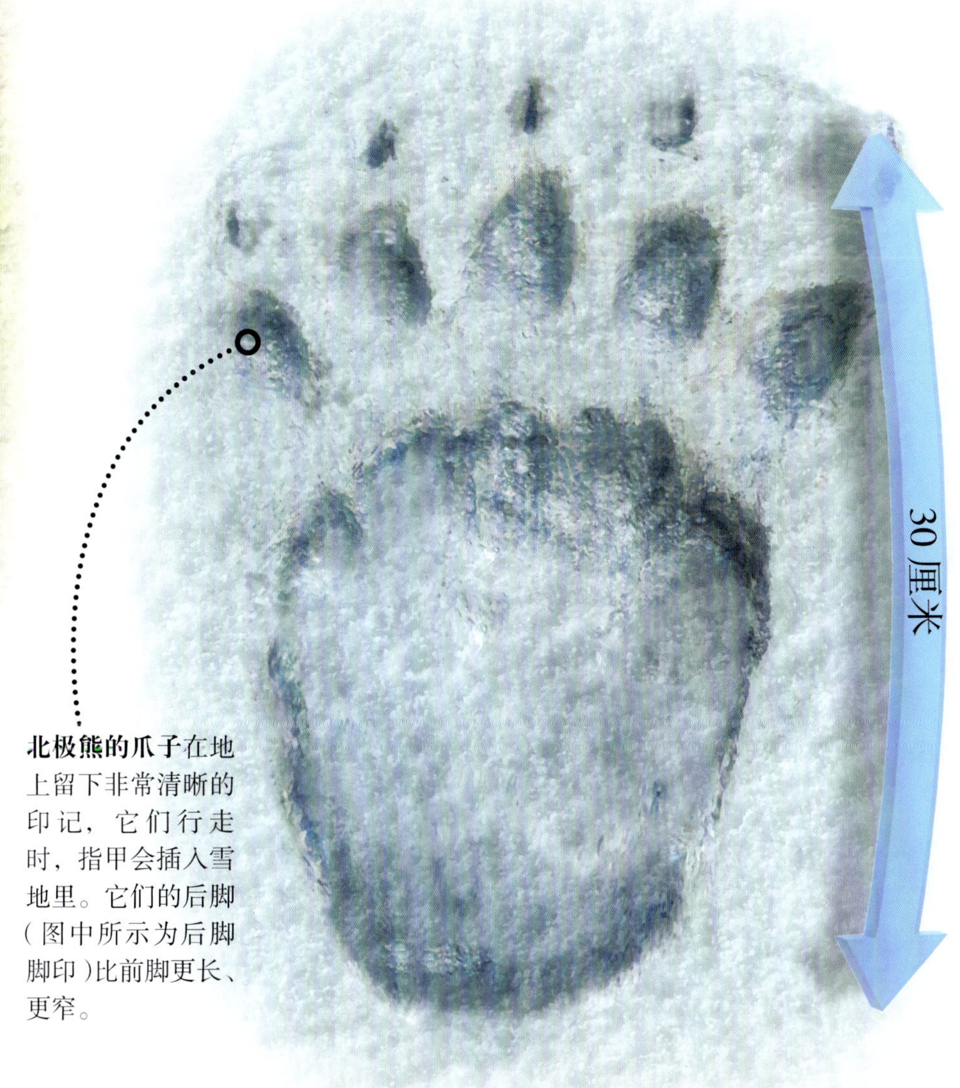

北极熊的爪子在地上留下非常清晰的印记，它们行走时，指甲会插入雪地里。它们的后脚（图中所示为后脚脚印）比前脚更长、更窄。

"水上漂"

水雉生活在热带水域，长着长度惊人的腿、脚趾和爪子。这些都能帮助水雉将重量分散到更大的受力面积上，从而让它们能在睡莲等漂浮植物上行走，以寻找昆虫、鱼类和蠕虫等食物。

青少年的平均手长不到北极熊后脚长度的一半。北极熊生活在加拿大、俄罗斯等冰天雪地的地方，多毛的脚掌和其上凹凸不平的脚垫踩在滑溜溜的冰面上，能增加抓地力。

干净的生活

在新加坡，清洁运动之后使得城市的河道中又能见到皮毛光滑的水獭了。这些曾经有毒的水路现在成了水獭和一些鱼类安全的家。

游隼在北美洲和英国的城市里落脚安家，在高耸的大楼里筑巢，以鸽子为食。

食蟹猕猴占领了泰国城市华富里，这令当地人非常高兴，因为这些猕猴被尊为印度教猴神哈奴曼的化身。

野猪是极具侵略性的野生动物，给欧洲和亚洲的一些城市带来混乱。它们经常为了觅食弄翻垃圾桶。

在繁忙的德国首都柏林，生活着大约3000头野猪。

城市和郊区为野生动物提供了生存的机会，然而，以快餐和其他食品垃圾为主的不健康饮食会使其变得肥胖。有些动物会对人类产生危害，有些还会带来疾病，因此被人们厌恶。

野生动物为什么向城市迁移？

随着**城市**和现代耕种技术的**发展**，**自然栖息地遭到破坏**，许多**动物**被迫**向城市迁移**。在城市里，它们来到街道和公园里**捡拾**食物垃圾。

从很久以前，**狐狸**就经常在夜晚的英国城市街头游荡。在这里，它们似乎把鼠类当成了外卖晚餐。
至少一个世纪以来，美国纽约城中一直能看到**郊狼**的身影。它们离开林地家园，来到城市公园里搜寻食物。
北美洲的**浣熊**会从家庭垃圾里翻找残羹剩饭。研究表明，这样的饮食正在给它们带来健康问题。
红袋鼠是澳大利亚首都堪培拉的常客。当荒野中食物短缺时，它们就会到城市公园和花园里找寻食物。
英国的**银鸥**成群来到海边或内陆城市。它们因为吃炸鱼薯条等食物而长胖。
北美负鼠是北美洲唯一一种原生有袋动物，它们正在学习以城市垃圾桶里的食品垃圾来满足自己巨大的胃口。

家和藏身之处的趣知识

巨大的茧

乌桕大蚕蛾是最大的飞蛾，翅展能达到 **30 厘米**。它们的毛虫能结出 7 ~ 8 **厘米长**的**茧**——**比鸡蛋还大**。

巨大的蚁丘

· 在巴西发现的一座白蚁丘的覆盖面积达到 **23 万平方千米**。其中一些蚁丘的历史可以追溯到大约 **4000 年前**——古埃及人建造金字塔的时候。

· 在刚果发现的一座蚁丘的地上高度达到 **12.5 米**，创造了纪录。这个高度比 6 **个成年人的身高加起来**还高。

最大的鸟巢

▼ 世界上**最大的鸟巢**是由两只**白头海雕**建造的。这个鸟巢的直径有**2.9米**，相当于一辆摩托车的长度，鸟巢的深度有**6米**。据估计，其重量大约有**2吨**。

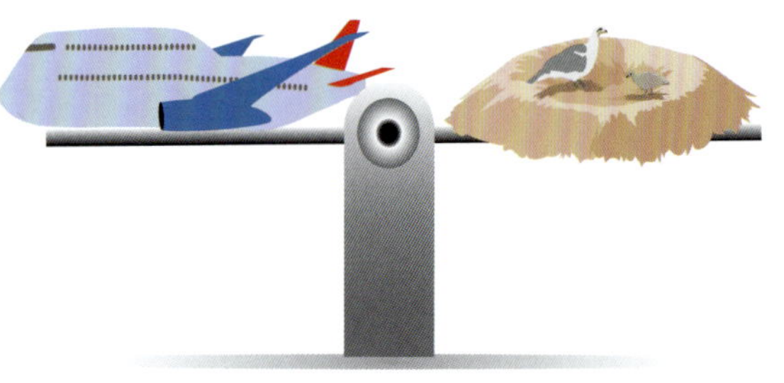

▲ 最重的孵化巢是**斑眼冢雉**用泥土建造的，最重可达**300吨**，和一架**波音747飞机**差不多重。

▼ **群居织巢鸟**建造的**大型鸟巢**能占满一整棵树，其中最多可以生活**400只鸟**。鸟巢长达**4米**。

神奇的网

有记录以来最大的蛛网是一只**达尔文树皮蜘蛛**织的，直径达到 **25 米**，相当于 **3 头非洲草原象**的体长之和。

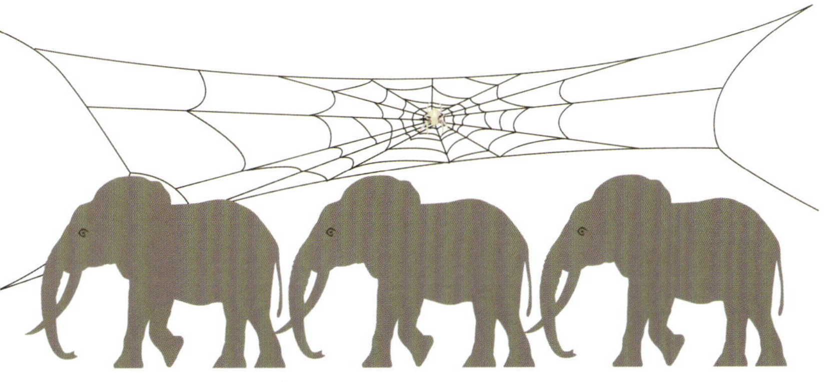

被饲养的幸存者

因为一种食肉螺的引入，大约 2/3 的**太平洋腹螺**种类都消失了。人们对其中一些种类进行**人工繁殖**，2019 年，两种太平洋腹螺重新回到它们原生的**岛屿家园**。

受欢迎的宠物

2016 年的一项全球调查显示，**养狗的人**比养其他宠物的人多。在参与调查的 22 个国家中，**阿根廷人**养宠物的人数占总人口的比例最高，达到 82%。

向地下深挖

洞穴帮助动物**抵御**敌人和极端温度。许多动物挖地洞作为自己的家，它们一个比一个**挖得深**。

· 蝉（2.5米）
蝉的若虫挖洞并住在里面，直到发育成成虫。

· 赤狐（3米）
赤狐冬天挖洞，等春天来临时在里面产下幼崽。

· 潘氏巨蜥（3.6米）
这种生活在澳大利亚的爬行动物，能挖出一条通向地下巢室的螺旋形隧道。

· 狗獾（4米）
狗獾的长爪和宽大的足很适合挖洞。

生长和繁殖

对于地球上的所有生命来说，生长和繁殖的需求高于一切。如果动物不繁衍后代，物种就面临灭绝的威胁。为了保证物种的存续，它们采取各种不同寻常的策略来寻找配偶、产生后代，不断壮大族群。

数千只**侏儒蝠鲼**聚集成群，在墨西哥加利福尼亚湾温暖的海水中畅游。蝠鲼跃出水面，回到海中时腹面先接触水面，科学家认为这种像杂技一样的表演是为了吸引配偶。

珀尔的肩高不到吉娃娃平均肩高的一半，体长和1美元纸币的长度相当。

大丹犬宙斯保持着世界最高犬的纪录，它的肩高为 1.046 米。

珀尔在 2020 年 9 月出生时体重不足 28 克，比一片面包还轻。

最小的狗？

吉娃娃珀尔证明了“浓缩的都是精华”这句话。这只超级可爱的狗是**全世界最小的狗**，它的肩高只有**9.14 厘米**。

珀尔的肩高只比网球高一点。

标准网球的高度是 6.7 厘米。

珀尔太小了，12 个它叠在一起才能达到世界最高犬——大丹犬宙斯的肩高。研究人员还未发现珀尔身体如此迷你的原因。

知识快读

同一物种、**不同品种**的体形差异可能非常大。

热带草原猫“**大角星**”的肩高为 48.4 厘米。

喜马拉雅猫**廷克·托伊**的肩高为 7 厘米。

夏尔马**桑普森**的肩高为 219 厘米。

小型马“**拇指姑娘**”的肩高为 43 厘米。

哪种动物**越长越小**？

大多数动物出生后会越长越大，直到长成成年大小。而**奇异多指节蛙**是个例外——**巨大的蝌蚪缩小成更小的蛙**。

这种特别的蝌蚪有一条**非常长的尾巴**，占体长的 3/4。这条尾巴会在之后的 4 个月里越长越长。

蝌蚪刚孵化时是**绿色的**，随着生长变成斑驳的深绿色，这样使它们不易被发现。

幼蛙孵化

生活在巴布亚新几内亚的护卵岳姬蛙没有蝌蚪期。护卵岳姬蛙爸爸保护蛙卵不受捕食者的伤害，直到蛙卵孵化出幼蛙。

分布在南美洲的奇异多指节蛙的蝌蚪能长到25厘米长，而后开始向成体形态转变。待尾巴完全消失后，体长会缩小至蝌蚪的1/3。

知识快读

大部分蛙都会经历变态的生长过程，从一枚受精卵变为一只小蝌蚪，再变为一只大个头的成蛙。但奇异多指节蛙的蝌蚪不断成长，然后在变态成成蛙的过程中，体形会出人意料地缩小。

哪种动物的胃口最大？

小鼩鼱虽然身材小，但胃口很大。这种**小型哺乳动物**每天吃掉的食物重达**自身体重**的 **125%**。

蛇的一餐

缅甸蟒长约 4.5 米，一次能吞下一整只鹿或鳄。在饱餐一顿之后，它们能一个月不吃饭。

一名成年人一天需要吃 387 个三明治才能赶上小鼩鼱的胃口。

小鼩鼱的心脏每分钟跳 1200 次，以维持它们高速的新陈代谢。人类的心率是小鼩鼱的 1/15，大约为 80 次 / 分。

小鼩鼱的身体全长约 **90 毫米**，体重约 3 克，比一张纸还轻。

这种温血猎手每天要吃掉**超过 250 只小型节肢动物**，包括甲虫、苍蝇和蜘蛛，这样才能为身体提供足够的能量。

虽然大型动物的食量很大，但小型动物的食量相较于它们的体形往往更大，这是因为它们的能量消耗得更快。动物消耗能量的速度叫作代谢速率。小鼩鼱的代谢速率是人类的50倍，因此它们要持续不断地进食，才能满足身体对能量的需求。

成年人的平均体重约为62千克，因此如果人类像小鼩鼱一样，一天的食量是自身体重的125%，那他一天需要吃77.5千克的食物。

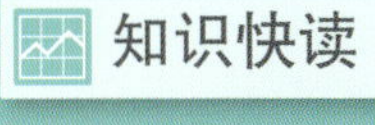
知识快读

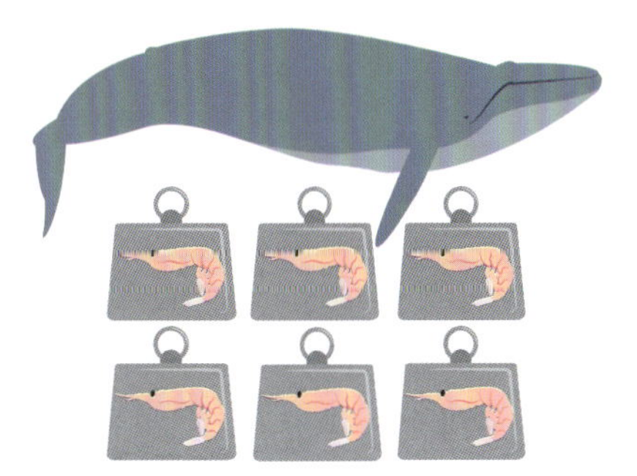

一头重约150吨的**蓝鲸**每天要吃6吨磷虾。

大熊猫一天中有16小时都在吃纤维丰富的竹笋和竹子。

莹鼠耳蝠1小时能吃掉大约1000只蚊子，整个晚上都在忙着捕食。

宽尾煌蜂鸟每秒**扇动 70 ~ 80 次翅膀**，使其能在空中悬停，做出如杂技般的高难度动作。它们的体重仅有 3.5 克，飞行依然需要大量能量。这些能量来源于它们吸食的花蜜。

蜂鸟在休息时**心脏**每分钟大约跳动 500 次，悬停在空中时增加到 1300 次。

瞄准花蜜

大部分蜂鸟在采食花蜜的时候会为花传粉，它们把花粉从一朵花带到另一朵花。有些蜂鸟一天能“拜访”2000 朵花。不过楔嘴蜂鸟吸食花蜜时，用喙刺入花朵底部储存花蜜的位置，而不会沾到花粉。

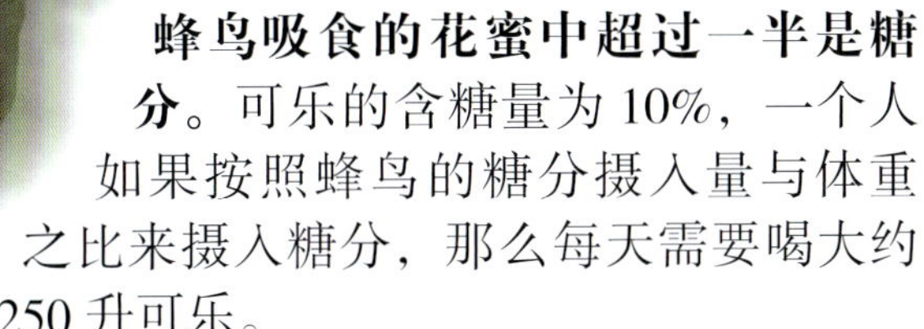

蜂鸟吸食的花蜜中超过一半是糖分。可乐的含糖量为 10%，一个人如果按照蜂鸟的糖分摄入量与体重之比来摄入糖分，那么每天需要喝大约 250 升可乐。

一名成年人一天要喝掉 750 罐可乐才能达到蜂鸟的糖分摄入比例。

蜂鸟每天喝多少花蜜？

蜂鸟一天能喝掉 **1.5 倍于自身体重的花蜜**。一个**人**如果像蜂鸟这样摄入**糖分**，那么需要大约每**两分钟**就喝掉**一罐可乐**。

知识快读

世界上有超过 300 种蜂鸟，它们都生活在美洲。

棕煌蜂鸟从阿拉斯加迁飞到墨西哥，迁飞距离长达 4828 千米。

古巴的吸蜜蜂鸟是世界上最小的鸟类。它们只有 5.5 厘米长，能站在一支铅笔上。

真实大小

哪种动物一次产下的后代最多？

动物王国里每种动物产下**卵**或**幼崽**的数量不尽相同，有的一次只产**一个后代**，有的一次能产下**上亿个**。雌性**翻车鲀**是高产母亲中的佼佼者，一次能产多达**3亿枚卵**。

猩猩妈妈花9年时间养育一只幼崽，因此它们成为哺乳动物中产崽间隔时间最长的。

有些动物产下的后代很少，并且会花费几年时间照顾后代；有些动物会产下大量的卵或许多幼崽，并且不会照顾它们，而是任其自生自灭。

雌性灰山鹑的一次产卵数量是鸟类中最多的，夫妻双方共同养育雏鸟。

马达加斯加猬是一种生活在马达加斯加的多刺的小型哺乳动物。它们一年产下一窝幼崽，但只有一半幼崽能活过第一个月。

苏门答腊猩猩
每9年产1只幼崽。

灰山鹑
一次产24枚卵。

马达加斯加猬
一次产32只幼崽。

知识快读

澳大利亚蝙蝠蛾一次能产2.9万枚卵。它们在飞翔时产卵，就像发射散射弹一样。

三趾石龙子在同一孕期内既可以产卵也可以产下幼崽，这是很不寻常的，因为大部分蜥蜴只有一种繁殖方式。

沙虎鲨幼鱼在子宫里就开始互相厮杀，用牙齿杀死并吃掉自己的兄弟姐妹。每一次生产，只有最强壮的一只才能出生。

翻车鲀是最能生的脊椎动物。

翻车鲀一次产数亿枚卵，但卵很小，散落在海中，这就意味着它们的幼体存活率极低。

大青鲨是高产动物之一，但很多大青鲨宝宝还没长大就被捕食者吃掉了。

玳瑁是爬行动物中产卵最多的，但刚孵化的小玳瑁需要冒着生命危险从沙滩上的巢穴中爬到海里。

大青鲨
一次产135只宝宝。

玳瑁
一次产242枚卵。

翻车鲀
一次产3亿枚卵。

大量产卵

欧洲林蛙每年都会产下一大团果冻状的蛙卵。蛙类常常会共享繁殖地，把成千上万的卵产在一起。果冻状物质里的每一个黑点都是一枚卵，可能长成一只蝌蚪。鱼类和昆虫等捕食者会吃掉蛙卵，因此只有少数卵能成功孵化。

最奇怪的动物伴侣

许多物种的**雄性**都**比雌性体形大**，尤其是**象海豹**，雌雄体形**悬殊**。但在其他一些动物中，情况却是反过来的。

大小问题

雌性金丝蛛的体长可达 8 厘米，是雄性的 6 倍。雌蛛在演化过程中变得更大，这样它们就能产下更多的卵，并织出更结实的蛛网来捕捉更多昆虫喂养幼蛛。

雌性象海豹的体重只有雄性象海豹的 1/5。

拥有绝对力量的雄性象海豹被称为“海滩主”，拥有多达 50 头雌性配偶。

在哺乳期，**身体较小的雌性**象海豹的体重会下降 1/3。它们在照顾小海豹时，一个月都不进食。

南象海豹是海豹中体形最大的一种。雄性南象海豹的体长能达到 5 米，体重达 3000 千克。与之形成对比的是，它们的雌性配偶可能只有 3 米长，体重仅有 600 千克。南极水域为它们提供了丰富的鱼类和鱿鱼资源，使其能保持很厚的鲸脂。

知识快读

雌雄**铠甲蝮**的差异明显：雄性细而呈亮绿色；雌性更粗更长，带条纹。

折衷鹦鹉是两性外表差异最明显的鹦鹉。雄性长有鲜绿色的羽毛和黄色的喙，而雌性长有亮红色的羽毛和黑色的喙。

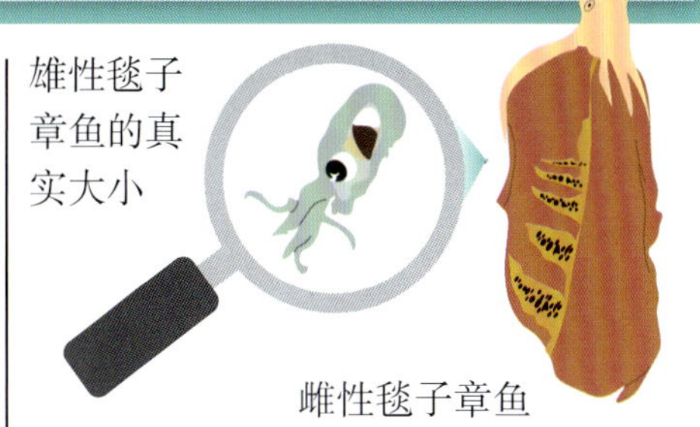

雌性**毯子章鱼**比雄性重 4 万倍，雌性能长到 1.8 米长，而雄性只有 2.5 厘米长。

象海豹得名于其**像象鼻一样的鼻子**和巨大的身形。

庞大的身体、有力的鳍状肢和坚硬的牙齿用来与其他雄性打斗，争夺配偶。

哪种动物会为了孩子付出生命？

父母们可能会自豪地说，他们会为了孩子做任何事。而**黑蕾丝蜘蛛**是真的可以让自己的**幼蛛把自己活生生地吃掉！**

幼蛛在自己的妈妈还活着的时候吸食其体内的汁液，将其吃掉。

蚓螈（像蚯蚓一样的两栖动物）妈妈会让新生的宝宝吃掉自己富含脂肪和营养的皮肤。蚓螈妈妈的皮肤还能重新长出来。

蝎子妈妈将数百只身体柔软的幼蝎背在背上，用自己尾部的刺保护它们。

雌性黑蕾丝蜘蛛的生命短暂，幼蛛在孵化后 3 天内会把自己的妈妈吃掉。

在动物王国中，父母可能会用特别的方式帮助孩子开启新生。有些动物宝宝会吃掉它们的妈妈，有些则是由爸爸抚育。许多动物都在竭尽全力，确保自己的族群能延续下去。

选择

雌性大熊猫常常产下一对双胞胎。刚出生的大熊猫看不见东西，长有稀疏的白毛。大熊猫妈妈可能只养育其中一只幼崽。不过在人工繁育条件下，被遗弃的那只幼崽会被放入恒温箱中照顾。

雄性黄头后颌䲢把雌性产的卵含在口中，直到孵化。这个过程大约需要 10 天，在此期间雄鱼无法进食。

海马妈妈将卵产在**海马爸爸**的腹囊里**孵化**。通过收缩腹囊，海马爸爸将多达 2000 只小海马排到水中。

成百上千个卵嵌入雌性负子蟾背部的皮肤，直到孵化出幼蟾才被释放出来。雌蟾在此过程中安然无恙。

沙漠幸存者

阿拉伯长角羚的角能达到 1.5 米长，它们成群结队，曾是阿拉伯半岛沙漠中常见的一道风景。

不幸的是，在 19–20 世纪，这种美丽的羚羊角成了捕猎者的目标。1972 年，最后一只野生阿拉伯长角羚消失，只有少数阿拉伯长角羚生活在动物园里或被私人饲养。

现在，野生阿拉伯长角羚的数量已经超过 1200 只，人类养殖的数量达到 6000 ~ 7000 只。

为了不让阿拉伯长角羚从地球上永远消失，在世界自然基金会的带领下，国际力量与一些动物园合作，一起为拯救阿拉伯长角羚制订计划。环保人士圈养这种羚羊，并进行人工繁育，使其数量不断增加，建立新的羚羊群，而后将其放归野外。成功拯救阿拉伯长角羚的故事仍在继续，它们现在受到法律保护，数量正在缓慢增长。

沙漠生活

阿拉伯长角羚能在没有水的情况下生存数周。它们宽大的蹄子使其能在流沙上行走而不会陷进去。从图上能看到，在阿拉伯长角羚附近有一种更小的动物——瞪羚，它们共同生活在沙漠中。

求偶展示

为了寻找完美的配偶，引人注目的雄鸟**跳舞**、**唱歌**，用**炫目的求爱表演**吸引雌鸟。

华丽琴鸟

这种鸣禽生活在澳大利亚，雄鸟会构筑一个土丘，站在上面展示自己竖琴般的美丽尾羽，同时大声歌唱，吸引雌鸟的注意。

丽色军舰鸟

这是一种生活在美洲热带地区的海鸟。雄鸟鼓起红色喉囊并发出尖锐的颤音来吸引雌鸟。在交配之前，一对军舰鸟会一起进行杂技般的空中表演。

大极乐鸟

新几内亚岛上的雄性大极乐鸟色彩斑斓，在被称为“求偶场”的展示区域进行特殊的表演，以争夺雌鸟。多达15只雄鸟停栖在一根树枝上，跳上跳下，抬起尾羽，拍打翅膀，并发出叫声吸引雌鸟。雌鸟会选择其中表演最精彩的一只进行交配。

红腹角雉

这种雉分布在中国。雄鸟的喉下有肉裙，头上有两个肉质角。在求偶期，肉质角膨胀耸起，肉裙充血膨胀，看起来像是蓝红相间的“围嘴”，同时雄鸟拍打双翅。这样的表现对于只有灰色羽毛的雌鸟来说很有吸引力。

缎蓝园丁鸟

缎蓝园丁鸟生活在澳大利亚，雄鸟拥有闪着金属光泽的蓝色羽毛和紫色的眼睛，为了吸引配偶不遗余力。它们用小树枝建造起求偶亭，并用羽毛和塑料等蓝色物品装饰。随后，雄鸟在求偶亭周围踱步，以吸引小巧的绿色雌鸟。

“搭便车”

恒河鳄是一种主要分布在印度的鳄，有着细长的吻部。图中，**刚刚孵化的恒河鳄宝宝**正在争先恐后地爬到爸爸的背上“搭便车”。雄性恒河鳄的吻端有一个中空的瘤状物，很容易分辨。一只雄鳄可能会与几只雌鳄交配，雌鳄平均一次能产 50 枚卵。

自我修复的蝾螈

另一个自我修复冠军是美西钝口螈——一种蝾螈。这种两栖动物不仅四肢和尾巴可以再生，脑、心和肺等重要的内部器官在受损之后也能自我修复。

海星

5 条腕的海星最为常见，不过有些海星有 10 条、20 条，甚至 40 条腕。

一条断腕可以长成一只“四肢健全”的新海星。

当海星的腕断掉之后，断腕可能会长出一个新身体和一些新腕。这些发育中的腕持续生长，直至达到断腕的大小。

海星的眼点长在腕末端，其他许多器官也长在腕上。

在受到大型鱼类等捕食者袭击时，**海星**很有可能失去自己的**腕**。有些海星会故意断掉一条腕，帮助自己逃走。

哪种动物能长出**新身体？**

对于人类来说，失去的**身体部位**能重新长出来是遥不可及的事情，但对于**海星**来说不是，它们能**断腕重生**。更不可思议的是，断掉的腕有时还能长成一只**全新**的海星个体。

知识快读

海星的一条断腕能长成一只全新的海星，不过只有在重要的身体部位仍连在断腕上时，这种情况才会出现。

1.这只海星失去了5条腕中的1条。

2.在断腕的伤口一端，一个带小小的腕的新身体开始发育。

3.随着时间推移，可能要一年之久，断腕才能长成一只新海星。

哪种动物是**活化石？**

现生**鹦鹉螺**与其祖先——**史前鹦鹉螺**有很多相似之处。经历漫长的岁月，它们变化非常小，因此被称为“**活化石**”。

4亿年前

菊石等史前头足类有着光滑的旋卷形外壳，很像现生鹦鹉螺。

邓氏鱼是一种凶猛的、具有外骨甲的鱼，生活在将近4亿年前的泥盆纪时代。

胸脊鲨是一种长得像鲨鱼的鱼，长有独特的背鳍。它们在3亿多年前灭绝了。

鹦鹉螺
在 5 亿年的时光里几乎没有什么变化。

不朽的鲎

从距今约 4.45 亿年前的鲎化石可以看出，这类生物从那时到今天基本没有什么变化。它们坚硬的外壳使它们在五次大灭绝中幸存下来。

现生鹦鹉螺与 4 亿年前的史前鹦鹉螺化石具有惊人的相似性。4 亿年前，恐龙还未出现，几乎所有复杂的动物都生活在海洋里。鹦鹉螺与枪乌贼和章鱼有亲缘关系，这 3 类动物都属于头足类。

现今

鹦鹉螺长达 25 厘米的身体上长有大约 **90 条细细的腕**。腕用来抓住蟹类等猎物，而角质口能咬穿猎物的外壳。

鹦鹉螺分布在印度洋和太平洋的热带水域。它们**具有外壳**，主要通过串管排出壳内海水，浮沉于水层中或短暂游泳。

鳞鲀与现生鹦鹉螺同游。

生长和繁殖的趣知识

生长惊人的动物

▼ 大熊猫

大熊猫幼崽出生时重约**100克**，而它们的妈妈重达**100～115千克**，它们大约只有妈妈体重的**1/1000**。

▲红袋鼠

袋鼠幼崽出生时**发育不完全**，体重仅有**1克**，但成年后它们的体重**可达90千克**。

▶蓝鲸

蓝鲸幼崽是**大型**宝宝，出生时体重就能达到**2700千克**，不过**成年蓝鲸**的**体重**更加惊人，能达到**150吨**。

挨饿

如果几小时不进食，人类就会感觉饿，**有些动物却能几年不吃东西。**当食物短缺或处于极端温度时，它们就会调整身体机能，比如降低心率，进入**假死状态**。以下列举了3种动物在不进食的情况下可以生存多久。

· **洞螈**（一种蝾螈）：可能生存**10年**。

· **非洲肺鱼**：可能生存**5年**。

· **球蟒**：可能生存**2年**。

巨大的昆虫幼虫

分布在非洲的**帝大角花金龟**是世界上最重的昆虫，**成虫**重约**60克**。它们的**幼虫更是**大到用一只手都很难拿住，**重量**接近成虫的**两倍**，最重可达**100克**。

长长的幼虫期

金吉丁保持着最长发育时间纪录，其中一些的**幼虫**期长达**51年**，非常**惊人**。

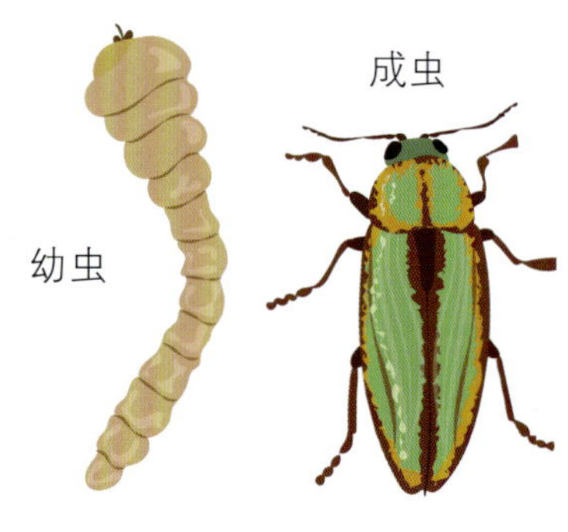

妈妈产待

许多动物的**孕期**都比人类的**长**。这意味着它们的**宝宝**在出生时就已经**发育完全**了，从而在野生环境中更有可能**存活**下来。

·黑真螈：孕期 2 ~ 3 年

与大部分两栖动物不同的是，它们的卵在体内孵化，之后**产下黑真螈宝宝**，这是因为在寒冷环境中卵可能**无法孵化**。

·大象：孕期 22 个月

大象宝宝在很大程度上需要**依赖**自己的**妈妈**才能生存，不过它们出生后不久就能**行走**了。

·长颈鹿：孕期 15 个月

一天大的长颈鹿幼崽就能自己**逃离**危险了。

·人类：孕期 40 周

新生儿非常**脆弱**，需要妈妈**照顾**多年。

最长的孵卵时间

·帝企鹅：65 ~ 75天

帝企鹅每次只产**一枚卵**。雌性产卵后就会去海里觅食，孵卵工作由雄性完成。**雄性在孵卵期间不吃不喝**。

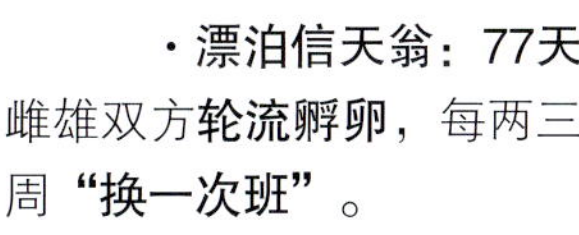

·漂泊信天翁：77天

雌雄双方**轮流孵卵**，每两三周**"换一次班"**。

·北岛褐几维鸟：长达92天

雄鸟孵卵，卵的数量为一两枚，而卵的大小对于几维鸟来说算得上**巨大**。

·章鱼：4.5年

章鱼是已知**孵卵**时间**最长**的动物。

不挑剔的食客

杂食性动物既吃**动物性食物**也吃**植物性食物**。以下列举了 4 种杂食性动物，以及它们最喜欢吃的食物。

·黑熊吃浆果、其他**植物**性食物、昆虫、**鱼**、小型哺乳动物，甚至还有**人类的剩饭**。

·**拟鳄龟**吃**蠕虫**、蜗牛、蛙、**蛇**、昆虫、甲壳类、水草和**果实**。

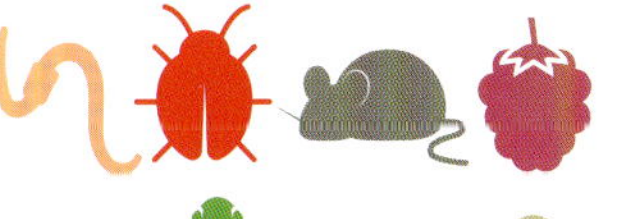

·**浣熊**吃昆虫、蠕虫、**鼠**、鱼、蛙、**鸟卵**、果实和坚果。

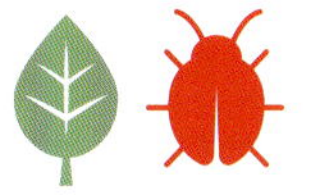

·**黑猩猩**最喜欢**果实**和叶子，但它们也吃种子和花，还有**昆虫**和其他小型动物。

词汇表

这里列出的词汇能在本书中找到，都被用来描述动物和它们所生活的世界。

变态

幼体在发育过程中发生的一系列内部构造和外部形态的显著变化，比如从毛虫变为蝴蝶。

捕食者

猎捕其他动物为食的动物。

哺乳动物

皮肤被毛，通常胎生，并用乳汁哺育幼崽的一类恒温动物。

触角

苍蝇等昆虫，以及龙虾和蟹类等甲壳动物头上长的一对感觉器官。

触手

水母等动物用来捕食或感知的灵活的细长身体结构，环生于动物的头部或口部等周围。

毒液

动物自身带有的有毒物质，可通过咬或蛰注入其他生物体内。

浮游生物

在大片水体中漂浮的小型动物和植物，是许多水生生物的食物来源。

腐肉

动物尸体上腐烂的肉。

腹部

在脊椎动物身上，腹部是内部含有消化和生殖器官的身体部分；在节肢动物身上，腹部是位于头部和胸部之后的身体部分。

花蜜

花为了吸引传粉动物所产生的甜蜜液体。

化石

在地层中保存下来的史前动植物遗骸或印痕。

环保

保护野生动物及其栖息地。

回声定位

在空气或水中，通过反射波来定位物体的方法。

脊椎动物

有脊柱的动物。

寄生虫

寄生生活在另一种动物体表或体内的动物，通常对寄主有害。

甲壳动物

长有坚硬的外骨骼、分节的身体和分节的足的一类动物，比如螃蟹和龙虾。

节肢动物

有坚硬的外骨骼和分节的足的一类动物，包括昆虫、蜘蛛和甲壳动物。

鲸脂

海豹和海象等大型海洋哺乳动物皮肤下面的一层脂肪。

两栖动物

既能在陆上生活也能在水中生活的脊椎动物，比如蛙、蟾蜍和蝾螈。

猎物

被其他动物猎食的动物。

磷虾

类似虾的微小动物，生活在海洋中，数量大，分布广。磷虾是鲸这类比自身大得多的动物的食物。

灵长类动物

包括猿类、猴类和人类在内的一类动物。

灭绝

一个物种没有任何个体存活。

拟态

动物用来迷惑捕食者或猎物的方式。它们演化得在外观或行为上与另一种动物相似，使其他动物认为它们危险或不好吃。有些动物能模仿叶子或石头等物体的样子。

爬行动物

一类体温由周围环境温度决定的脊椎动物，比如蛇、蜥蜴、鳄。

栖息地

动物天然的家园。

迁徙

动物在繁殖地和觅食地之间的季节性迁移现象。

软体动物

身体柔软，一部分长有保护性外壳的无脊椎动物。蛞蝓、蜗牛、蛤和章鱼都是软体动物。

色素

使某物呈现某种颜色的物质。

食草动物

只吃植物的动物。

食腐动物

以动物尸体和其他腐烂物质为食的动物。

食肉动物

只吃肉的动物。

适应

动物通过改变自己的身体或者行为，以适应所处环境的方式。

水生动物

在水中繁衍、生活的动物。

头足动物

包括章鱼和枪乌贼在内的一类海洋软体动物。

外骨骼

昆虫、蜘蛛和甲壳动物等所拥有的坚硬的外部结构。

伪装

动物借助花纹和保护色让自己难以被敌人发现。

无脊椎动物

没有脊柱的动物，比如昆虫。

物种

能相互繁殖并产生与自身相似的后代的一群有机体。

稀树草原

广阔而平坦的草原，树木稀少，大多出现在热带地区。

演化

生物经过许多代的变化过程。

蚓螈

像蚯蚓一样的无足的两栖动物，大部分时间都生活在地下。

有袋动物

通常将幼崽放在腹部的育儿袋里，直到它们能自己照顾自己的哺乳动物。

幼体

介于卵和成体之间的早期生命阶段。毛虫和蝌蚪都属于幼体。

羽毛

鸟类体表所长的毛。

杂食性动物

既吃肉也吃植物的动物。

种群

紧密地生活在一起的同类动物，比如蚂蚁。

索引

致谢

Dorling Kindersley would like to thank: Victoria Pyke for proofreading; Elizabeth Wise for indexing; Kelsie Besaw, Anna Limerick, and Vicky Richards for editorial assistance; Ann Baggaley for additional writing.

The publisher would like to thank the following for their kind permission to reproduce their photographs:

(Key: a-above; b-below/bottom; c-centre; f-far; l-left; r-right; t-top)

1 Alamy Stock Photo: VDWI Automotive (clb). Dreamstime.com: Uckarintra Wongcharit (crb). 2 Alamy Stock Photo: blickwinkel / Schmidbauer (cra); Gerry Pearce (bc); robertharding / Marco Simoni (c). Dreamstime.com: Chernetskaya (cb); Andrii Zastrozhnov (tc). Professor Maciej Henneberg: (cb/handprint). 3 Alamy Stock Photo: blickwinkel (cla). 4 Alamy Stock Photo: Skip Moody / Rainbow / RGB Ventures / SuperStock (bl). Dwight Kuhn: (tr). naturepl.com: Bence Mate (tc). 5 Alamy Stock Photo: Nopadol Uengbunchoo (tc). Getty Images: by wildestanimal (tr). naturepl.com: Piotr Naskrecki (tl). 6-7 naturepl.com: Bence Mate. 9 naturepl.com: Alex Mustard (bc). 11 Alamy Stock Photo: Nature Picture Library (bc). 12 naturepl.com: Nature Production (clb). Heinz Wiesbauer, Vienna: (c). 12-13 SuperStock: Minden Pictures. 14-15 Rolland Gelly. 16-17 Mark Cowan. 20 Alamy Stock Photo: Lisa1234 / Stockimo (bl). Dreamstime.com: Andreykuzmin (crb); Chernetskaya (cr); Ulianna19970 (cra); Andrii Zastrozhnov (tr). iStockphoto.com: rasikabendre (br). 21 Alamy Stock Photo: Robert Henno (cra); robertharding / Marco Simoni (cl); Gerry Pearce (bl). Dreamstime.com: Chernetskaya (clb/badge, cra/badge); Andrii Zastrozhnov (tl, tr/Lanyard). Professor Maciej Henneberg: (clb). Science Photo Library: Tony Camacho (tr); Sheila Terry (cr). 23 Getty Images: Justin Sullivan (bl). 24 naturepl.com: Ingo Arndt (bc). 26 Alamy Stock Photo: Robert Thompson / Nature Picture Library (crb); www.pqpictures.co.uk (bc). Dorling Kindersley: Natural History Museum, London (cb). Dreamstime.com: Lukas Jonaitis (bl). naturepl.com: Visuals Unlimited (clb). SuperStock: Ingo Arndt / Minden Pictures (cl). 27 Alamy Stock Photo: blickwinkel / fotototo (tc); Nature Photographers Ltd / Paul R. Sterry (tl); blickwinkel / Schmidbauer (tr); Skip Moody / Rainbow / RGB Ventures / SuperStock (cb); Custom Life Science Images (bc). naturepl.com: Ingo Arndt (cra). 28-29 Getty Images: Chris Brunskill Ltd. 30 Alamy Stock Photo: Daniele Occhiato / Buiten-Beeld (clb). 30-31 Alamy Stock Photo: Wild Wonders of Europe / Lundgre / Nature Picture Library. 32 123RF.com: Tawatchai Khid-arn (bl). 32-33 naturepl.com: Anup Shah. 34 naturepl.com: Thomas Marent (tl). 36-37 TurboSquid: 3dThorium. 36 TurboSquid: PIS88 (clb). 37 Alamy Stock Photo: Rick & Nora Bowers (br). 39 naturepl.com: Doug Gimesy (bc). 40 naturepl.com: Naskrecki & Guyton (tr). 40-41 naturepl.com: Naskrecki & Guyton. 41 Alamy Stock Photo: Johner Images (crb). naturepl.com: Dietmar Nill (cb). 42 iStockphoto.com: Stéphane Rochon (bl). 46-47 Dwight Kuhn. 48 TurboSquid: Praveen Jayasinghe. 49 TurboSquid: Skazok. 50-51 naturepl.com: Alex Mustard. 50 naturepl.com: Alex Mustard (bl). 51 Getty Images: Gerard Soury (c). 54-55 Dan Abbott. 57 Rex by Shutterstock: AP (br). 58 Alamy Stock Photo: Jeff Milisen (cl); Maximilian Weinzierl (b). 59 naturepl.com: Michael & Patricia Fogden (cl); Thomas Marent (r); Konrad Wothe (cla); Nick Garbutt (cb); Visuals Unlimited (bl). 60 Alamy Stock Photo: Sean Cameron (tl). 65 naturepl.com: Pete Oxford (tr). 66 naturepl.com: Stephen Belcher (bl). 66-67 Alamy Stock Photo: David Kleyn. 68 Alamy Stock Photo: Andrey Nekrasov (b); WaterFrame_rok (cr). 69 Alamy Stock Photo: Andrey Nekrasov (b); WaterFrame_fur (tr). SuperStock: Minden Pictures (tl). 70-71 SuperStock: Paul Bertner / Minden Pictures. 70 naturepl.com: Paul Bertner (tl). 72 Alamy Stock Photo: VDWI Automotive (t). 73 Dreamstime.com: Uckarintra Wongcharit (c). 74-75 Dreamstime.com: Flynt (frame). 74 Tina Hutchinson: (tr). naturepl.com: Brandon Cole (bl); Alex Mustard (tl). 75 Alamy Stock Photo: Tim Gainey (clb); Alexandra Laube / imageBROKER (crb). Dreamstime.com: Maska82 (tl). SuperStock: Flip Nicklin / Minden Pictures (tr). 76-77 Getty Images: Stephen Frink / Photolibrary. 78 Alamy Stock Photo: Robert Pickett / Papilio (clb). 78-79 Dreamstime.com: Otsphoto. 79 Alamy Stock Photo: Tierfotoagentur / Y. Janetzek (br). Getty Images: Tollkühn / ullstein bild (tr). naturepl.com: Neil Bromhall (tl). 82-83 Courtesy of Guinness World Records 2019. 83 Dreamstime.com: Horia Vlad Bogdan / Horiabogdan (crb). 84-85 Shikhei Goh. 90-91 naturepl.com: Piotr Naskrecki. 93 iStockphoto.com: E+ / pchoui (bc). 94 Alamy Stock Photo: Andrey Gudkov (crb). Getty Images: Picture by Tambako the Jaguar (bl). iStockphoto.com: GP232 / E+ (cl). 95 Alamy Stock Photo: Christian Vorhofer / imageBROKER (b). naturepl.com: Bence Mate (t). 95 naturepl.com: Bence Mate (t). 96-97 Getty Images: Alastair Macewen. 98 Alamy Stock Photo: Frankie Angel (c); Juniors Bildarchiv GmbH / F279 (tl). imagequestmarine.com: Peter Batson (tc). Janet M. Storey: (crb). 98-99 Dreamstime.com: Alhovik. 99 Alamy Stock Photo: Doug Allan / Nature Picture Library (tl); Pete Morris / AGAMI Photo Agency (clb); Steve Gschmeissner / Science Photo Library (crb); Fred van Wijk (cr). Dreamstime.com: Jason Ondreicka (tr); Boris Ryaposov (c). 101 Depositphotos Inc: yulia-zl18 (bl). 104 123RF.com: Tawatchai Khid-arn (bl). 104-105 O'Brian Clarisse, Whitetone Films. 106-107 Caters News Agency: Eko Adiyanto. 106 SuperStock: Animals Animals (br). 108-109 Kevin Ebi. 110 Alamy Stock Photo: Action Plus Sports Images (clb). 114-115 Alamy Stock Photo: Nopadol Uengbunchoo. 117 Alamy Stock Photo: David Tyrer (tc). 118 Alamy Stock Photo: GZS / imageBROKER (bc); Reinhard Hölzl / imageBROKER (tl). naturepl.com: Gavin Maxwell (clb); Xi Zhinong (tr). 119 Alamy Stock Photo: Jan Sochor (bl). Science Photo Library: W K Fletcher (tl). 121 Alamy Stock Photo: Ronald Wittek / mauritius images GmbH (cra). 122-123 naturepl.com: Jurgen Freund. 122 naturepl.com: Jurgen Freund (cla). 123 naturepl.com: Jurgen Freund (ca, cb). 124-125 Alamy Stock Photo: blickwinkel. 125 Alamy Stock Photo: Imaginechina Limited (tr). 126-127 naturepl.com: Katherine Feng. 126 123RF.com: Tawatchai Khid-arn (clb). 128 Dorling Kindersley: David Peart (tc). 129 Alamy Stock Photo: Suzanne Long (tr). Dreamstime.com: Mirecca (bl). 130 naturepl.com: Solvin Zankl (cl). 130-131 SuperStock: Steve Downeranth / Pantheon. 131 Alamy Stock Photo: NOAA (br). naturepl.com: Norbert Wu (c). SeaPics.com: © David Shen (tl). 132-133 Alamy Stock Photo: Anton Sorokin. 133 Rex by Shutterstock: Solent News (br). 135 naturepl.com: Sergey Gorshkov (cra). 136-137 TurboSquid: kasiopy. 136 Alamy Stock Photo: Ralf Liebhold (cra); Then Chih Wey / Xinhua (tl); Southmind (cr). Dreamstime.com: Harry Collins (tr). 137 Alamy Stock Photo: Realimage (crb); Wild Wonders of Europe / Geslin / Nature Picture Library (tl). Dreamstime.com: Carolina Garcia Aranda (cr); Susan Sheldon (cra). naturepl.com: Steve Gettle (clb). SuperStock: Jaymi Heimbuch / Minden Pictures (cla). 140-141 Getty Images: by wildestanimal. 144 naturepl.com: Piotr Naskrecki (bl). 146 Alamy Stock Photo: Peter Maszlen (tr). 147 TurboSquid: Hum3D (t). 148 naturepl.com: Murray Cooper (bl). 152-153 SuperStock: Biosphoto. 154 Science Photo Library: M. H. Sharp (tl). 157 naturepl.com: Katherine Feng (tc). 158 123RF.com: Tawatchai Khid-arn (bl). 158-159 Alamy Stock Photo: Juan Muñoz / age fotostock. 160 Alamy Stock Photo: Robert Wyatt (cr). Dreamstime.com: Bobhilscher (br). naturepl.com: D. Parer & E. Parer-Cook (cra); Steve Gettle (b). 161 Alamy Stock Photo: Gerhard Koertner / Avalon / Photoshot License (clb). Dreamstime.com: Ondej Prosický (cr). naturepl.com: Tim Laman / Nat Geo Image Collection (tl); Wild Destinations / Asia / China (br). 162-163 Dhritiman Mukherjee. 164 Alamy Stock Photo: Andrea Izzotti (tc). FLPA: Colin Marshall (cl). 164-165 FLPA: Colin Marshall. 167 Alamy Stock Photo: ArteSub (bl); Wildestanimal (c); Michael Stubblefield (sea); Michael Nolan / robertharding (b). Dreamstime.com: Kevin Knuth / Drknuth (tr)

All other images © Dorling Kindersley